Saggi

ROGER ABRAVANEL
LUCA D'AGNESE

Le grandi ipocrisie sul clima

Contro i burocrati della sostenibilità e i nuovi negazionisti del clima

Prefazione di Francesco Starace

SOLFERINO

SOLFERINO

www.solferinolibri.it

Published by arrangement with
The Italian Literary Agency

ISBN 978-88-282-1490-8
Prima edizione: ottobre 2024

Prefazione

di Francesco Starace

Se agli autori di una prefazione fosse affidata la scelta dell'immagine della copertina, sceglierei per questo bel libro un ritratto di Antonello da Messina. Il volto di un uomo di tre quarti, illuminato da una luce chiara, con gli occhi volti a fissare chi osserva il ritratto. Lo sguardo diretto, l'intenzione tesa a capire o farsi capire, senza nulla in mezzo, senza ipocrisie, senza falsità. Chiarezza.

Perché questo volume, a partire dal titolo, affronta a viso aperto una serie di ipocrisie, di falsità e di semiverità che in questo momento sono il principale ostacolo da affrontare a viso aperto, con la giusta concentrazione e determinazione, la grande sfida della lotta al cambiamento che stiamo conducendo sul clima del nostro pianeta.

Per chi ha navigato le acque turbolente della crescita sostenibile, della progressiva presa di coscienza dei temi oggi ben conosciuti della sostenibilità sociale e ambientale di un'organizzazione, sia questa azienda o Stato, questo libro è una bella sintesi di quella navigazione, di tutti gli scogli evitati e le secche individuate in tempo, prima di arrivare in mare aperto.

Chi scrive questa prefazione ha incontrato molti di questi scogli. Soprattutto quelli dello scetticismo e del neo-negazionismo climatico (una definizione degli autori, oggi ancora più attuale) nei confronti della crisi del clima e delle soluzioni per affrontarla, in primis lo sviluppo delle energie rinnovabili. Gli autori raccontano questa rivoluzione nel mondo dell'energia come parte di un processo più ampio, chiamato il «triangolo della sostenibilità», che può farci affrontare con successo la crisi climatica. Il triangolo collega tre vertici: le imprese innovative (come è stata l'Enel nel settore delle fonti rinnovabili), gli Stati e la società civile.

Ma gli autori non descrivono solo le mistificazioni degli scettici.

Questo saggio fa chiarezza su un'altra e opposta mistificazione, quella di chi parla della sostenibilità come una religione o un'ideologia i cui adepti si ispirano a valori morali anziché ad analisi scientifiche, e di cui gli autori descrivono la genesi nei processi di responsabilità sociale delle imprese.

Esiste insomma quasi una forma di animismo in materia di sostenibilità. Questo animismo è spesso nutrito dall'ignoranza, dalla cosciente mistificazione o dalla volontà di non voler capire la realtà.

E come tutti gli animismi, esso attribuisce ai temi della sostenibilità degli attributi quasi magici, sia in senso negativo sia positivo.

Questo distorce la realtà e genera sostanzialmente una grande diseguaglianza per il futuro. La diseguaglianza tra coloro che davvero capiscono la realtà e quelli che, non capendola, la vestono di valori magici, e ne sono poi travolti quando questa si manifesta nella sua vera natura.

Quindi un libro prezioso che andrebbe letto quasi obbligatoriamente da chi ha dei compiti di governance, sia in azienda sia in ambito politico o di governo, e che è altamente raccomandabile per chiunque voglia capire la realtà al di là delle sofisticate mistificazioni dei nuovi negazionismi o delle ingenue esaltazioni dei sacerdoti del clima.

La realtà infatti non ha valori morali in sé, non ha ideologia, non prende partito, accoglie con semplicità coloro che la comprendono e ne fanno buon uso. Travolge indiscriminatamente coloro che la ignorano.

La chiarezza è la cifra di questo libro, una cosa preziosa, da coltivare con grande attenzione, interrogandoci sulla nostra comprensione della realtà, anche attraverso i tanti esempi raccolti e le verifiche a posteriori che vengono riportate a supporto delle analisi svolte.

Introduzione
Perché questo libro

Ci occupiamo di economia, cambiamento climatico ed energia da venticinque anni. Come consulenti e poi manager nei settori dell'energia e della finanza, questo problema è da tempo presente nelle agende delle aziende con cui abbiamo collaborato e collaboriamo oggi, e quindi anche nelle nostre.

Poi, da qualche anno a questa parte, il nostro lavoro ha cominciato a includere un argomento che stava diventando progressivamente sempre più di moda anche per il grande pubblico, legato al tema del clima ma che ambisce a essere più ampio: quello della cosiddetta «sostenibilità».

Con l'esplosione dell'attenzione globale per il clima, che possiamo collocare attorno al 2015, l'anno della COP21 (Conference of the Parties) di Parigi e della prima, clamorosa azione di protesta del movimento Fridays for Future guidato da Greta Thunberg, la sostenibilità è diventata un argomento in grado di catturare l'attenzione dei vertici delle aziende e della politica. Prima se ne occupavano solo gli ambientalisti, alcuni attivisti del terzo settore e, all'interno delle aziende, delle figure di medio livello a cavallo tra gli specialisti di impatto ambientale, gli esperti di pubbliche relazioni e i gestori di iniziative filantropiche.

Da quel momento in poi è diventato un *must* per i capi dei governi, gli amministratori delegati, i membri dei consigli di amministrazione e i manager di primo livello delle grandi aziende, quotate e multinazionali. Tutti dovevano avere un'opinione in merito e dimostrare che i loro governi e le loro aziende se ne occupavano.

Così è avvenuto che anche il nostro lavoro e i nostri interessi professionali hanno progressivamente cominciato ad approfondire tali argomenti, anche perché abbiamo finito con l'assumere responsabilità formali su questo tema nelle organizzazioni e nei board delle aziende dove lavoriamo. È nata così per noi la necessità di riflettere su un pensiero che proclamava senza mezzi termini la necessità di cambiare in modo radicale la logica di gestione delle aziende – superando concetti che dichiarava inadatti ai cambiamenti del pianeta e della società, come il primato della ricerca del profitto –, cozzando però per molti aspetti con le nostre convinzioni maturate durante una vita di lavoro.

Da questa riflessione sono nate le idee che presentiamo in questo libro, convinti che ci siano sì delle crisi vere, come quelle del clima, sulle quali le aziende devono e possono fare moltissimo, ma anche persuasi che queste crisi, nei proclami degli adepti alla sostenibilità, sono annegate in un mare di slogan dal valore molto incerto. Le crisi sono alla fine spesso usate come giustificazione per affermare la necessità di una quantità di altri obiettivi – dalla promozione di mille cause sociali alla necessità di dare un voto alla sostenibilità di tutte le aziende con cui si fanno affari – che non sono affatto impellenti. O sui quali le aziende farebbero meglio a non prendere posizioni politicamente controverse se non per difendere i loro interessi, o che sono in alcuni casi addirittura dannosi.

Per spiegare nel concreto la distinzione tra quelle che sono per noi le crisi veramente insostenibili da quei problemi, anche gravissimi, come quelli affrontati dagli obiettivi di Sviluppo Sostenibile delle Nazioni Unite, che non lo sono, abbiamo scritto i capitoli 10 e 11.

Questi capitoli non parlano di clima ma affrontano un concetto essenziale per capire la crisi climatica, quello della sostenibilità. La necessità di investire subito somme di denaro ingenti per fermare il riscaldamento globale climatico non deriva da una presunta superiorità etica dell'obiettivo ambientale di salvare il pianeta rispetto al vile denaro. La ragione per cui bisogna spendere sul clima ora è che il riscaldamento del pianeta non è sostenibile. Cioè crea problemi che col tempo diventano sempre peggiori e i soldi che non spendiamo oggi per risolverli dovremo spenderli domani. E per di più pagare il costo dei danni del riscaldamento del pianeta.

Il capitolo 10 illustra tre esempi di «crisi latenti» che già oggi viviamo e che rischiano di esplodere, anche se non hanno ancora raggiunto lo stato di crisi globale conclamata. Il capitolo 11 illustra come molti degli obiettivi attuali della sostenibilità, dalla lotta alla povertà, alla riduzione delle disuguaglianze, alla valorizzazione delle diversità non affrontino affatto delle crisi insostenibili, perché i problemi che affrontano non stanno affatto esplodendo, come è evidente nel caso della povertà, che nel mondo è in progressiva riduzione. E richiedano quindi alle aziende un approccio molto diverso da quello del triangolo della sostenibilità.

Nel frattempo, cominciavano a diffondersi i dubbi sulla sostenibilità e sulle sue articolazioni più burocratiche nei processi aziendali, come gli obiettivi e i punteggi cosiddetti ESG (Environmental, Social, Governance, sigla con cui si indicano gli obiettivi ambientali, sociali e di buon governo dell'impresa che le aziende dovrebbero darsi). Il pendolo dell'opinione tra gli addetti ai lavori, nel management e nella finanza, iniziava a oscillare nell'altra direzione, dichiarando che il re dell'ESG era nudo. Una voce ormai forte negli Stati Uniti, da sempre i più ostili a qualunque vincolo alla libertà di impresa, ma via via più significativa anche in Europa.

In questo noi scorgiamo un secondo pericolo, ben più grave della perdita di tempo e denaro che gli eccessi dell'ESG hanno causato a tante aziende: ovvero che assieme agli slogan e alla burocrazia, si rifiuti anche la lotta al cambiamento del clima. Di fronte a un problema grave ma abbastanza lontano nel tempo, la cui soluzione ci impone dei costi immediati, abbiamo tutti la tendenza a rimandare. Rimandiamo l'inizio delle diete, i check-up medici, come facevamo con i compiti per le vacanze che ci davano da bambini. Eppure, le conseguenze che derivano dal non fare queste cose le vediamo in tempo reale, continuamente. Figurarsi, perciò, se siamo portati a rimandare i sacrifici che derivano dalla lotta al riscaldamento globale, per evitare temperature che la civiltà umana non ha mai sperimentato. Abbiamo chiamato, in modo forse un po' severo, quest'atteggiamento naturale «nuovo negazionismo», perché alla fine ci porta alle stesse non decisioni che assumeremmo se negassimo, contrariamente a tutte le evidenze scientifiche, la realtà della crisi climatica. L'atteggiamento intellettuale è molto diverso, ma le conseguenze pratiche sono identiche.

Abbiamo scritto questo libro perché, al contrario, pensiamo che si possa e si debba fare di più per rallentare, mitigare e prepararsi al riscaldamento del pianeta; perché crediamo che le aziende abbiano un ruolo chiave nel farlo ma non rinunciando ai profitti, anzi cercando di incrementarli attraverso l'innovazione; e infine perché riteniamo che le stesse aziende possano innescare una dinamica virtuosa con la politica degli Stati e la pressione della società civile, una dinamica che abbiamo chiamato il «triangolo della sostenibilità».

Con questo saggio non pensiamo di convincere i negazionisti veri, quelli che pensano che il problema del clima l'abbia inventato Bill Gates in combutta con i cinesi per venderci pannelli solari e auto a batteria. Non pensiamo neanche di convincere coloro che considerano l'intero sviluppo industriale, economico e tecnologico come un pericolo per l'ambiente e vedono l'unica soluzione nella «decrescita felice».

Intendiamo invece offrire qualche idea a tutti gli altri, su quali politiche potrebbero farci progredire più velocemente e su quali riflessioni sarebbe opportuno fare per non buttare il bambino dell'innovazione e delle tecnologie sostenibili con l'acqua sporca dell'anticapitalismo, dell'ambiguità delle teorie sul valore condiviso e della burocrazia ESG.

Il dibattito pubblico sul clima è pieno di clamorose bugie e di colossali ingenuità, ma contro le une e le altre crediamo che i nostri lettori siano già vaccinati. Più importante è scoprire quelle che abbiamo chiamato le «ipocrisie sul clima», che hanno spesso elementi di verità e non sono necessariamente sempre in malafede; piuttosto, sono in gran parte dettate da interessi di parte e non si rendono conto del danno che fanno alla lotta al cambiamento climatico. Quindi ci portano, in ultima analisi, a rimandare o a sbagliare gli interventi cruciali su quella che rischia di diventare la più grande crisi di questo secolo.

Nel corso di questo libro ne denunceremo almeno quattro:

1 L'ipocrisia dei nuovi negazionisti del clima, coloro che riconoscono che il cambiamento climatico è un grave problema, distinguendosi così dai negazionisti «duri e puri», ma che in realtà trovano mille ragioni per rinviare le iniziative concrete necessarie per combatterlo oggi;
2 L'ipocrisia della politica che, pur dichiarandosi sensibile al problema, spera di risolverlo senza impegnare soldi pubblici, in questo alleandosi con altri grandi ipocriti nel mondo della finanza, che dichiarano che la finanza privata delle loro alleanze per il clima salverà il pianeta;
3 L'ipocrisia delle imprese che investono nella sostenibilità quel tanto che basta a non finire in fondo alle classifiche ESG, e che pensano che con un po' di burocrazia si possano ripulire la coscienza; così facendo, nel migliore dei casi sprecano parte del denaro dei loro azionisti, quando non finiscono per perdere la faccia tra accuse di *green* e *socialwashing*;
4 L'ipocrisia di accademici, presunti guru del management e consulenti, da Harvard in giù, che sosten-

> gono di voler reinventare il capitalismo per renderlo sensibile ai problemi del pianeta e della società. E propugnano un misto di principi che vanno benissimo anche per il capitalismo di vecchio stampo, come dare un obiettivo all'azienda o preoccuparsi di clienti, dipendenti e fornitori, mescolati con alcune idee davvero pericolose per un'economia di mercato, come il fatto che il valore economico per gli azionisti debba essere messo in secondo piano o che le imprese debbano avere un «contratto sociale» che dà loro il diritto di esistere.

Questo saggio si pone anche l'obiettivo di fare dialogare tra loro due «mondi» nei quali queste ipocrisie proliferano.

Da un lato, quello dei senior (di ruolo, ma anche spesso di età) manager e imprenditori che continuano a pensare che l'obiettivo delle aziende sia il profitto e che la vera sostenibilità sia quella dei profitti a lungo termine dell'impresa, non quella dei loro comitati ESG. Questi rischiano però di rifiutare, assieme alla burocrazia ESG, anche l'urgenza della crisi del clima, assumendo le posizioni dei nuovi negazionisti, oppure offrono un'adesione ai dettami della sostenibilità solo di facciata, il che li espone alle accuse di *green* e *social washing*, altamente ipocriti.

Dall'altro lato, un mondo più giovane fatto di entusiasti della sostenibilità, intesa come la presa di responsabilità delle imprese sul problema del clima, ma anche su tutti i problemi dell'ambiente e di ingiustizia della società. Abbracciano con grande entusiasmo le idee di superamento del valore dell'azionista e di contratto sociale dell'impresa con i suoi *stakeholder*, che sono però a volte ipocrite, quando servono a nascondere scelte miopi in campo ambientale e sociale da parte dell'azienda, o altre volte pericolose, quando mettono in discussione i concetti di libertà di impresa e di mandato al management da parte degli azionisti.

Oggi nel mondo delle imprese e della finanza questi due mondi si parlano solamente attraverso processi formali di sostenibilità e ESG.

Riuscire a farli comunicare per andare oltre ipocrisia e burocrazia è essenziale per gli azionisti delle imprese e soprattutto per la sostenibilità del pianeta.

1
I nuovi negazionisti della crisi climatica

La crisi del clima è un vero disastro, ma gli sforzi per evitarla oggi sono frenati dai nuovi negazionisti. Che riconoscono l'emergenza, ma rinviano le soluzioni

La crisi climatica è un disastro annunciato ormai da diversi decenni, ma ancora sottostimato nelle sue conseguenze più gravi per la sopravvivenza di intere popolazioni. Nessuno può prevedere accuratamente i tempi e l'impatto che il surriscaldamento del pianeta può avere per la sua stessa esistenza, ma è inevitabile che, se continuiamo a emettere anidride carbonica, prima o poi qualcosa di irreparabile accadrà.

Scongiurare questo rischio epocale comporta un impegno economico importante, che non solo sembra essere alla portata della crescente ricchezza del mondo, ma è necessario per preservare questa stessa ricchezza.

Eppure, mentre ci rendiamo conto che qualcosa di innaturale sta avvenendo già oggi, fatichiamo a digerire il fatto che le cose tra qualche decennio saranno molto peggiori e soprattutto che per impedirlo dobbiamo agire ora.

I vecchi negazionismi – secondo cui la scienza del cambiamento climatico è ancora da convalidare o, peggio, è una cospirazione dei liberal e dei cinesi – sembrano ormai in ritirata. All'orizzonte, tuttavia, ne appaiono di nuovi, che ammettono l'esistenza del problema ma allo stesso tempo ne rinviano la soluzione perché, dicono, i costi sono troppo elevati ed è meglio aspettare il nucleare o altre tecnologie.

Gli argomenti variano ma il risultato è lo stesso: chi rimanda l'azione sul clima ottiene lo stesso effetto di chi lo nega, solo in modo più o meno inconsciamente ipocrita.

La catastrofe climatica incombe e, per certi aspetti, è peggiore di quanto sembri

Fino a poco tempo fa, molte persone guardavano con un po' di sospetto e supponenza a Greta Thunberg e agli altri evangelisti della lotta al cambiamento climatico, e non provavano un senso di urgenza per la crisi climatica. Oggi non è più così. Anche se i sondaggi attuali indicano che il problema del clima ha una priorità minore rispetto a quello dell'economia e dello scenario geopolitico, le persone seguono con sempre maggiore interesse i segnali della gravità dell'emergenza. Un sondaggio del Pew Research Center condotto nel 2021 mostra non solo che il 70% della popolazione di vari Paesi è «molto» o «abbastanza» preoccupato del cambiamento climatico, ma che quelli che dicono di essere «molto» preoccupati sono passati dal 31 al 37% negli ultimi sei anni.

Già oggi in Iraq e nei Paesi del Golfo Persico temperature che superano i cinquanta gradi provocano il divieto per legge di lavorare all'aperto tra le 11 e le 17, e le previsioni dicono che, entro il 2035, in un Paese molto più popoloso (e più agricolo) come l'India non si potrà più lavorare all'aperto in molti giorni dell'anno, con profondi sconvolgimenti socioeconomici. Alcune stime prevedono che, entro il 2030, la vita di 200 milioni di persone in India sarà a rischio per il calore eccessivo. Entro il 2040, 500 milioni di persone in Brasile, Indonesia, India e Messico – tra i Paesi più esposti all'aumento delle temperature – avranno un reddito insufficiente per permettersi un condizionatore d'aria. Siccità e alluvioni creeranno enormi problemi all'agricoltura e alla produzione del nostro cibo in molte regioni del mondo.

Uno studio recente ha dimostrato che solo 34 dei 140 Paesi a rischio siccità a causa del cambiamento climatico possono permettersi di investire nei processi di desalinizzazione dell'acqua di mare.

Edifici e infrastrutture saranno danneggiati o distrutti da precipitazioni estreme, esondazioni, incendi delle foreste e altre catastrofi naturali legate all'aumento delle temperature. Negli Stati Uniti, dalla Florida alla California, le principali compagnie assicurative hanno già smesso di assicurare gli edifici di intere regioni considerate a rischio di esondazioni e incendi. Di recente il «Wall Street Journal» ha stimato che i danni provocati da un uragano paragonabile ad Andrew – che oltre trent'anni fa vennero stimati in 35 miliardi di dollari – oggi, se arrivasse a Miami, ammonterebbero da 100 a 200 miliardi di dollari anche perché sono fortemente inflazionati per l'aumento dei valori immobiliari.

Senza assicurazione (o, più probabilmente, in seguito all'esplosione dei premi) si crea un grandissimo problema per il settore immobiliare americano: non si potranno contrarre mutui né vendere case, e il mercato immobiliare perderà enormemente di valore.

E non si tratta solo della perdita del valore delle case per i loro proprietari: a ridursi drasticamente saranno anche gli introiti fiscali a disposizione delle amministrazioni per la tutela del territorio dagli eventi climatici estremi.

È un problema globale.

L'intero patrimonio della natura verrà stravolto dalle catastrofi climatiche. Ghiacciai, foreste, oceani, tutto il nostro ecosistema è in pericolo. E non rischiano di affondare solo le Maldive, ma decine di città costiere europee, e quelle alla foce dei fiumi come Amsterdam, Venezia e Londra. Non alla fine di questo secolo, quando il livello degli oceani salirà di qualche metro, ma molto prima, perché già oggi eventi estremi come le violente piogge e i forti venti mettono a rischio le città vicine al mare e ai grandi fiumi. Come è accaduto a inizio del 2024 a nord di Amsterdam, vicino alla foce del Reno, dove l'inondazione dei centri abitati da parte delle acque del fiume che venivano respinte indietro dalle onde dell'oceano è stata scongiurata solo facendo defluire il Reno nel vasto sistema di canali e inondando le campagne poco più a sud.

Ai danni economici e ambientali se ne aggiungono poi altri, poco considerati anche dai soggetti più consapevoli dell'emergenza. Per esempio, i danni sociali.

In *The Power of Crisis* (2022), Ian Bremmer spiega perché la crisi climatica può diventare un problema di sicurezza nazionale. Il politologo racconta come la guerra civile in Siria del 2011, che ha portato milioni di rifugiati in Europa provocando immani sconvolgimenti sociali ed economici, sia stata la conseguenza di una terribile siccità iniziata nel 2007 nel Nord del Paese e durata due anni. Tre quarti dei contadini persero il raccolto e Damasco non poté fare nulla per aiutarli, così che centinaia di migliaia di persone si riversarono nelle grandi città, creando enormi tensioni esplose, appunto, nel 2011 con la Primavera araba prima, e con la guerra civile poi, costata la vita a mezzo milione di persone.

E non finisce qui. Ci sono poi le emergenze climatiche che oggi ancora non si vedono, ma che potrebbero arrivare, anche se si bloccassero le emissioni di anidride carbonica di origine umana, dovute a fenomeni come la liberazione del metano intrappolato nell'oceano e la desertificazione delle foreste equatoriali.

Per combattere con efficacia questa emergenza, è però necessario comprenderne bene le cause. Su questo tema il dibattito è stato lungo, ma le conclusioni sono oggi incontestabili.

L'emergenza è colpa dell'uomo

L'entità delle catastrofi che ci vengono presentate giornalmente e la tempistica con cui avverranno sono tuttora incerte, anche perché molto dipenderà da quanto sapremo fare in questi anni e dall'incertezza relativa allo sviluppo tecnologico. Comunque sia, qualcuno, forse noi stessi o i nostri figli o nipoti, un giorno fronteggerà un disastro, ed è essenziale prepararsi oggi perché più tempo si aspetta e più costerà sotto tutti gli aspetti.

La consapevolezza generale che l'emergenza esiste ed è colpa dell'uomo è stata raggiunta abbastanza recentemente, ed è utile ripercorrere i passaggi principali del lungo dibattito prima scientifico, poi sempre più politico, con cui questa convinzione si è radicata nell'opinione mondiale. Per far capire quanto la «scomoda verità» che stavamo danneggiando in modo irreversibile il nostro pianeta abbia fatto fatica ad affermarsi. E mostrare anche che molti tra coloro che la negavano in passato oggi sono disposti ad accettarla, ma spesso non accettano la sua conseguenza, ovvero che sia il caso di darsi da fare per contrastare il riscaldamento del pianeta.

Tutto è iniziato alla fine del diciannovesimo secolo, quando gli scienziati già cominciarono a sospettare che il riscaldamento del pianeta fosse dovuto alle attività umane. Nel 1896 il chimico svedese Svante Arrhenius ipotizzò che l'anidride carbonica immessa nell'atmosfera potesse causare un aumento delle temperature globali. Nel secolo successivo, si sono fatte ulteriori ricerche, anche con prove sperimentali, fino agli anni Ottanta e Novanta del secolo scorso, quando gli studi su campioni di ghiaccio prelevati dall'Antartide e dalla Groenlandia hanno fornito prove dirette dei livelli passati di anidride carbonica nell'atmosfera e del loro legame con le temperature. Nel 1988 l'Organizzazione metereologica mondiale (agenzia dell'ONU che coordina le attività meteorologiche a livello planetario) ha istituito l'Intergovernmental Panel on Climate Change

(IPCC), un foro scientifico a cui è stato assegnato il compito di valutare l'entità del cambiamento climatico e le sue cause. E da quel momento, nel corso del suo lavoro, l'IPCC ha demolito una dopo l'altra le opposizioni degli scettici. La prima sosteneva che, nonostante fosse chiara la correlazione tra l'aumento della CO_2 e l'aumento della temperatura, al contrario non era affatto dimostrato quale fosse il rapporto causa-effetto tra i due fenomeni. Poteva darsi che un aumento naturale della temperatura causasse l'aumento dell'anidride carbonica, cosa che effettivamente accade.

Gli scettici sostenevano che poteva essere un aumento naturale della temperatura, legato alle oscillazioni del clima cui la Terra è da sempre stata esposta, a causare l'aumento dell'anidride carbonica. Essendo questo un fenomeno naturale e periodico, sarebbe presumibilmente rientrato, come hanno fatto tutte le oscillazioni climatiche dei secoli passati, e comunque l'umanità non avrebbe potuto far nulla per influenzarlo.

Non è però questo il caso delle variazioni del clima degli ultimi due secoli, per le quali le ricerche coordinate dall'IPCC hanno dimostrato incontrovertibilmente che, dall'inizio dell'era industriale, è stato l'aumento di anidride carbonica prodotto dalle emissioni umane a causare l'aumento della temperatura, e non il contrario. E questo succede in seguito al cosiddetto «effetto serra», un nome con cui si descrive il fatto che gas come l'anidride carbonica e il metano intrappolano nell'atmosfera terrestre un'elevata percentuale dell'energia che arriva dal Sole, così come fa la copertura trasparente di una serra, alzando la temperatura al suo interno.

La scienza ha dimostrato anche che le attuali emissioni di anidride carbonica sono destinate ad aumentare ancora la concentrazione dei gas serra, senza che questi possano essere assorbiti dal suolo, dalle foreste o dagli oceani, che a sua volta determinerà un ulteriore riscaldamento rispetto alle temperature attuali, portandole a livelli molto più alti di quelli, relativamente stabili, che hanno favorito lo sviluppo della civiltà umana su tutto il pianeta negli ultimi diecimila anni.

Pur riconoscendo il collegamento tra anidride carbonica e temperatura, numerosi scettici, ancora all'inizio del nuovo millennio, rifiutavano però l'idea che l'incontrovertibile aumento della concentrazione della CO_2 di oggi rispetto all'inizio del ventesimo secolo fosse causato dalle attività umane (principalmente la combustione di combustibili fossili e l'agricoltura). E aggiungevano il fatto che i cicli di riscaldamento e glaciazione sono sempre esistiti, anche quando l'uomo non era ancora comparso sulla Terra.

L'IPCC ha tuttavia analizzato serie storiche di dati sulle emissioni di gas serra e le ha correlate con l'industrializzazione. Ha poi sviluppato dei modelli matematici che, simulando la dinamica dell'atmosfera con e senza le emissioni umane, dimostrano che queste ultime sono essenziali per riprodurre l'effettiva sequenza dei periodi di ascesa delle temperature e di aumento della CO_2. Si è anche riusciti a studiare le differenti proporzioni degli isotopi del carbonio di origine naturale e quelli di origine fossile (cioè legati alla combustione di carbone, petrolio e gas) presenti nelle molecole di anidride carbonica dell'atmosfera. Le fonti naturali e quelle di origine umana hanno diverse «firme» e le proporzioni trovate corrispondono alle emissioni provenienti dall'uomo.

Decenni di ricerca multidisciplinare – chimica, climatologica e geologica – hanno ulteriormente consolidato il consenso scientifico mentre, soprattutto nel nuovo secolo, nuovi studi di economia e statistica ci hanno fatto comprendere come le emissioni di CO_2 siano legate ai vari settori dell'economia (per esempio, gli impianti industriali per la produzione di acciaio e di automobili – già sotto accusa perché inquinavano l'aria con il monossido di carbonio, gli ossidi di azoto e gli ossidi di zolfo – o fenomeni come la deforestazione per lo sviluppo dell'agricoltura e l'urbanizzazione). Si sono poi identificati i grandi Stati «peccatori» (responsabili, cioè, della gran parte della CO_2 già esistente), ossia gli Stati Uniti e i Paesi europei; e dal 2010 si hanno a disposizione dati precisi sulla quantità di tonnellate di CO_2 emesse dai vari settori industriali in ciascun Paese.

Dal 1960 – l'anno in cui il geochimico statunitense Charles David Keeling pubblicò i suoi dati sulla crescita costante della concentrazione di CO_2 nell'atmosfera, dando evidenza concreta alle preoccupazioni sul clima espresse da diversi scienziati già a partire dagli anni Cinquanta – era trascorso oltre mezzo secolo, ma il dibattito all'interno della comunità scientifica e dei governi sul fatto che il cambiamento climatico fosse reale poteva finalmente dichiararsi chiuso.

Non altrettanto lo è la società, in cui certe idee sono dure a morire.

Il negazionismo duro e puro è in ritirata?

«Non imbroccano una previsione del tempo a due giorni di distanza, ma ci dicono cosa succederà al pianeta

Terra tra cent'anni.» È solo una delle mille considerazioni negazioniste che ancora oggi si possono trovare in rete e che, soprattutto negli Stati Uniti, sono il risultato di un vero e proprio movimento molto bene organizzato di *climate change contrarianism* (traducibile in «opposizione all'idea dell'emergenza climatica»). Questo movimento è stato recentemente studiato da un team di ricercatori della rivista «Scientific Reports» che, grazie a una serie di donazioni provenienti dalla sinistra liberal americana, ha analizzato 33 blog contrari all'emergenza climatica, 20 think tank repubblicani focalizzati sul *climate change*, molteplici conferenze e comunicazioni di imprese energetiche basate su combustibili fossili, per un totale di più di trecentomila documenti e 174 milioni di parole. I modelli di *data analysis* hanno poi permesso di classificare queste informazioni in modo molto significativo.

Innanzitutto il *climate change contrarianism* è un fenomeno essenzialmente statunitense (riconducibile solo in minima parte anche ad altri Paesi come Australia, Canada, Germania e Regno Unito). In base alla loro frequenza, sono poi stati classificati gli attacchi più rilevanti indirizzati verso chi sostiene la fondatezza scientifica dell'emergenza climatica. Eccone alcuni esempi: «non sta succedendo», «non è opera dell'uomo», «non c'è nulla di pericoloso», «le soluzioni non funzionano» e «gli scienziati del clima sono inaffidabili». Infine, questa interessante ricerca ha svelato chi sono i finanziatori del movimento *contrarian*: come prevedibile, sono le grandi compagnie fornitrici di combustibili fossili (petrolifere e del mondo del carbone), e importanti donatori repubblicani. Tra il 2000 e il 2017, l'industria dei combustibili fossili ha investito tre miliardi di dollari per opporsi alla legislazione in materia di cambiamento climatico. Nel corso del 2023, la critica all'emergenza climatica è diventata una piattaforma della campagna elettorale per le primarie repubblicane in vista delle elezioni presidenziali americane del 2024.

Scetticismo e negazionismo sono ancora oggi molto presenti in uno zoccolo duro della società americana, dove alle destre conservatrici che predicano l'estromissione dello Stato dall'economia anche in materia di regole ambientali, si è aggiunta una nuova destra statalista che, al contrario, vuole più Stato nell'economia, ma per proteggere i posti di lavoro e le piccole imprese, ed è scettica nei confronti dell'emergenza climatica che rappresenta una seria minaccia per l'occupazione.

Inoltre, come vedremo nei prossimi capitoli, i negazionisti della crisi climatica sono anche tra i più critici per quanto riguarda la mobilitazione delle imprese nei confronti dell'ESG (obiettivi Environmental, Social e Governance per le imprese), anche se non sono gli unici.

Il negazionista duro e puro, oltre a divulgare in rete meme, video e articoli di altri negazionisti, si atteggia a vittima di chi, in nome del politicamente corretto, non gli permette di propagandare le proprie idee e il proprio scetticismo. E ricorda i casi analoghi del recente passato, quando gli allarmisti del Covid-19 hanno terrorizzato e parzialmente bloccato il mondo durante la pandemia.

Per nostra fortuna, tuttavia, il negazionismo climatico in senso stretto non sembra più in grado di fare nuovi proseliti. Come abbiamo visto, la maggioranza dell'opinione pubblica mondiale è preoccupata, e i sondaggi danno in crescita anche la percentuale dei «seriamente preoccupati». Tuttavia, fino al recente passato, non è stato scontato, per chi non è uno scienziato o un ambientalista informato, preoccuparsi di fenomeni poco percettibili, lenti o distanti, come l'aumento della temperatura media di 1,1 °C dal 1800 a oggi, o la riduzione del 13% del ghiaccio del Mar Glaciale Artico ogni dieci anni, o l'aumento del livello dei mari di 20 centimetri registrato dal 1880. La prospettiva che le Maldive affondino preoccupa i maldiviani, ma molto meno i turisti che possono dirottarsi facilmente alle Seychelles, mentre le immagini dei blocchi di ghiaccio che si sciolgono e precipitano in mare colpiscono soprattutto la maggioranza dei cittadini canadesi e scandinavi, ma non più di tanto chi vive in Paesi dal clima temperato. Per questo, fino a pochi anni fa, quando un particolare evento climatico estremo passava, la maggioranza delle persone tornava alla propria routine.

In questi ultimi anni, invece, le preoccupazioni hanno iniziato ad aumentare, di pari passo con l'aumento della frequenza e della gravità degli eventi climatici estremi, come le estati torride, la siccità, l'aumento di incendi, tifoni e uragani. Tutti noi abbiamo così iniziato a percepire che le previsioni realizzate per un futuro distante si stavano concretizzando in fenomeni attuali, del presente. Dopo le inondazioni e le punte di calore registrate nel centro Europa negli ultimi anni, un sondaggio in Germania ha rivelato che la percentuale di persone «molto preoccupate» per l'emergenza climatica è aumentata dal 18% a 37%. E, secondo i sondaggi, gli italiani sono diventati i più preoccupati d'Europa.

Per tutto ciò, il negazionismo duro e puro, quello che nega l'esistenza del cambiamento climatico o che, come è avvenuto anche in campo scientifico per un certo periodo, nega che esso sia causato dall'uomo, sembra essere in ritirata, almeno sul piano del dibattito tra persone informate in materia, o comunque disposte a fidarsi delle opinioni espresse dalle fonti scientifiche ufficiali. Resta poi uno zoccolo duro che non cambierà mai idea. Tuttavia, sta nascendo un nuovo tipo di negazionismo, più sottile e pericoloso.

Il nuovo negazionismo, quello dell'attesa delle soluzioni migliori

C'è una corrente di pensiero, molto diffusa e probabilmente anche in crescita, che, pur non negando la realtà del cambiamento climatico, nega la necessità di adoperarsi seriamente per contrastarlo. Di fatto, viene negata l'esistenza di soluzioni percorribili che valga la pena adottare con decisione.

Così facendo, si evitano i costi immediati di affrontare il problema e li si rimanda a domani, illudendosi un po' ipocritamente che il problema passi.

Questo nuovo negazionismo proveniva inizialmente dal mondo delle aziende, non della politica, che l'ha fatto proprio solo successivamente. Accetta in linea di principio l'idea dell'emergenza climatica, ma nega la necessità di decarbonizzare l'economia nei tempi richiesti dai piani definiti per contenere l'incremento del riscaldamento entro i 2 °C, e tutto quello che ciò comporta.

Qualcuno sostiene che, quasi certamente, non riusciremo a raggiungere l'obiettivo di 1,5 °C di incremento massimo delle temperature rispetto ai livelli preindustriali, e anche quello dei 2 °C (scenari entrambi effettivamente probabili), e ne conclude che a questo punto tanto vale non fare nulla. Per i sostenitori di questo approccio, il mondo è come un gelato che, quando è troppo caldo, si scioglie ed è finita lì. Mentre tutte le simulazioni dimostrano che, se passare da un riscaldamento di 2 a uno di 3 °C è male, passare da 3 a 4 °C sarebbe un disastro. Questo negazionismo non afferra proprio il concetto di «insostenibilità», ovvero il fatto che il problema del clima, se non affrontato, aumenterà esponenzialmente fino a esplodere.

Qualcun altro dice che il piano «Net Zero» (ridurre a zero le emissioni dei gas serra) sarebbe anche sensato, ma che, dipendendo dalla politica (che, per esempio, dovrebbe imporre una *carbon tax* globale), non verrà mai realizzato ed è quindi meglio pensare ad alternative per quando la situazione sarà veramente disastrosa. Tra queste c'è il cosiddetto «geo-engineering», ovvero un intervento diretto mirato a raffreddare l'atmosfera anziché a evitare che si riscaldi, per esempio schermando l'irraggiamento solare della terra con la creazione di nubi artificiali. Nessuno oggi può escludere che un giorno dovremmo provarci, ma sembra davvero troppo rischioso puntare tutto sul fatto che una soluzione simile funzioni e non fare nulla nel frattempo.

Altri tendono a rifiutare le soluzioni oggi disponibili (fonti rinnovabili, per esempio) per aspettare quelle disponibili domani: tra cui i piccoli reattori nucleari (SMR) che dovrebbero essere più sicuri di quelli attuali (altamente probabile) e costare di meno (tutto da dimostrare); o l'idrogeno che, dopo tanti anni di fallimenti delle celle a combustibile per le automobili, potrà forse finalmente decollare.

Altri si concentrano sulle soluzioni che oggi assorbono la maggioranza degli investimenti, come l'energia rinnovabile solare ed eolica, sulla quale si sollevano mille perplessità (tra cui, per esempio, il fatto che la Cina detenga una posizione dominante in questo mercato, o che pannelli e turbine rovinino il paesaggio, o che non sarà possibile produrre tutta l'energia che ci serve solo attraverso queste fonti rinnovabili). Le critiche alle auto elettriche sono ancora più feroci, specie da parte di chi lavora nell'industria automobilistica. Come quel top manager di un grande marchio dell'automotive che disprezza l'auto elettrica a tal punto da definirla un puro e semplice «prodotto della politica», che costerà sempre molto di più dell'auto a benzina, non verrà mai accettata dai governi europei (che già stanno rinviando il divieto a oltre il 2035), non sarà mai ricaricabile in modo semplice, e rimarrà sempre un giocattolo poco confrontabile con i progetti di una vera automobile.

Altri ancora sostengono che l'auto elettrica non riduce la CO_2 perché «viene ricaricata con energia elettrica prodotta mediante combustibili fossili», oppure perché l'estrazione dei minerali utilizzati nelle batterie (litio, cobalto, nichel) necessita di grandi quantità di energia elettrica, altrettanto inquinante del petrolio perché prodotta col carbone.

Tutte queste critiche contengono elementi di verità ma, a ben guardare, non rappresentano certo dei motivi validi per abbandonare o rimandare a tempi migliori l'adozione di soluzioni alternative alle attuali. L'impatto sul paesaggio delle rinnovabili esiste, ma quello derivante dal cambiamento climatico rischia di essere ben peggiore. I pannelli solari vengono realizzati per la maggior parte in Cina, è vero, ma sono un prodotto a basso valore aggiunto (il valore dell'import europeo di pannelli dalla Cina è pari a circa l'1% del totale delle esportazioni cinesi verso l'Unione Europea), e un eventuale embargo cinese per motivi geopolitici non metterebbe certo a rischio la produzione di energia (come invece avviene per il gas russo), ma solo la costruzione di nuovi impianti.

Sulle auto elettriche i ragionamenti sono più complessi, ma alla fine il punto essenziale è che il passaggio dell'intero parco circolante dal motore diesel e benzina a quello elettrico è una transizione epocale che inevitabilmente richiederà decenni. I produttori di auto devono investire nello sviluppo di nuovi modelli e piattaforme, e costruire *gigafactory* di batterie per produrne una quantità sufficiente. In parte lo stanno già facendo, ma i numeri sono ancora ben lontani da quelli necessari a soddisfare la domanda di un mercato come quello europeo. Basti pensare che il termine *gigafactory*, che fino a poco fa era sinonimo di gigantismo industriale nelle auto elettriche, indica un tipo di fabbrica di cui serviranno un migliaio di esemplari per alimentare l'attuale domanda europea di auto, se e quando sarà tutta elettrica.

Poi i clienti devono abituarsi al nuovo stile di utilizzo dell'auto e ricaricarla perlopiù quando è parcheggiata, non durante il tragitto. Di pari passo devono aumentare le colonnine nei luoghi in cui si parcheggiano le auto. Quando tutto ciò sarà avvenuto, ci sarà da smaltire le ultime auto a benzina appena comprate, che durano, come tutti noi sappiamo, più di un decennio.

Se avessimo tutto il tempo che vogliamo per ridurre le emissioni, potremmo aspettare che i vari Paesi dove si produce l'energia elettrica abbiano convertito la loro produzione a energia rinnovabile, in modo da comprare solo auto elettriche veramente *carbon free*.

Ma non possiamo permettere di aggiungere ai decenni che servono per sostituire le auto a benzina quelli che servono per sostituire le centrali elettriche a combustibili fossili. Le due transizioni devono inevitabilmente sovrapporsi.

Il negazionismo scettico verso le soluzioni di oggi, ma inguaribilmente ottimista verso quelle di domani, è destinato ad aumentare; man mano che avanzeranno le iniziative per fronteggiare l'emergenza climatica, cresceranno anche le resistenze per paura e preoccupazione, perché tali iniziative metteranno a rischio molti posti di lavoro e comporteranno dei costi. L'auto elettrica preoccupa chi oggi lavora nei distributori di benzina, nelle aziende che fabbricano componenti per i motori a combustione, nelle officine di manutenzione auto che dovranno reinventarsi un'occupazione. Ma a essere preoccupati, oggi, sono anche coloro che lavorano negli impianti che producono energia a carbone o a gas, o i proprietari di case a bassa efficienza energetica, che in un futuro prossimo dovranno affrontare le spese di riqualificazione dell'immobile, o coloro che si vedranno piazzare una pala eolica gigantesca a poche centinaia di metri da casa. Alla fine crescerà un negazionismo NIMBY (Not In My Backyard) anche per l'emergenza climatica.

Le proteste dei negazionisti (vecchi e nuovi) stanno aumentando rapidamente, in particolare negli Stati Uniti. Nel dibattito sul cosa fare per il clima, l'argomento più importante, e anche il più complesso da comprendere, è quello relativo ai costi, che ha due facce: i costi della transizione, per esempio gli investimenti in fonti rinnovabili, e quelli della *non* transizione, ovvero quelli dei danni causati dal cambiamento del clima.

Molti estremisti della sostenibilità affermano che il disastro è dietro l'angolo e che quindi è necessario agire in un'ottica emergenziale, senza tenere conto delle implicazioni economiche che ciò comporta. A questa corrente di pensiero appartengono i primi, e più intransigenti, fautori della sostenibilità, sostenitori della cosiddetta «decrescita felice», secondo cui, per evitare la catastrofe, il mondo deve rallentare e la popolazione ridursi. Altri intraprendono azioni dimostrative per segnalare quanto il problema del clima sia serio, ma spesso non fanno che confermare l'idea che combattere il cambiamento climatico imporrà di rinunciare al progresso. Greta Thunberg si è recata negli Stati Uniti in barca a vela per non prendere l'aereo che inquina molto di più. Un altro gruppo è invece eccessivamente ottimista, e sostiene che i costi non ci saranno perché l'economia verde creerà più ricchezza di quanta ne distruggerà.

Questi atteggiamenti catastrofisti o ingenui non fanno che confermare l'opinione degli scettici che l'ambientalismo sia un movimento ingenuo e infantile, e che gli adulti debbano opporsi a questa insensata frenesia ecologista. Per questo il tema dei costi va affrontato senza pregiudizi moralistici del tipo «non si può mettere un prezzo alle vite umane», perché i costi pagati dalle collettività hanno sempre, purtroppo, un prezzo anche in termini di vite umane, per la maggiore povertà e le minori spese per la salute che comportano, per esempio. Accettando il fatto che abbiamo grandi incertezze in proposito e regolandoci di conseguenza.

Partiamo dai costi della transizione. Le attuali stime più accreditate attestano tra l'1,5% e il 4% del PIL mondiale la spesa necessaria al raggiungimento di un livello di emissioni nette pari a zero attorno al 2050 (o giù di lì). Sono cifre enormi, tra l'1,5 e i 4 trilioni di dollari l'anno (a valori 2023), anche perché dovrebbero essere sostenute nel tempo. Gli ottimisti sperano che lo sviluppo tecnologico in materia di rinnovabili, batterie, idrogeno e altre soluzioni che ancora non vediamo all'orizzonte possano ridurle nel tempo, ma non c'è garanzia né sul quanto né sul quando questa riduzione avverrà.

Guardiamo ora l'altra faccia della medaglia, i costi della *non* transizione. Vari studi economici stimano tra l'1,5% e il 3% del PIL mondiale le spese derivanti da un incremento delle temperature di 2,5 °C rispetto all'era preindustriale, Quindi, in entrambi i casi pagheremo dei costi rilevanti: prendendo i livelli intermedi delle forchette di valutazione citate, i costi della transizione equivarrebbero a circa il 3% del PIL e quelli di un riscaldamento di 2,5 °C risulterebbero pari a un altro 2% del PIL. In tutto, il 5% della ricchezza globale. Per dirla in termini semplici, investire in fonti rinnovabili e riparare ai danni (alla salute e alle cose) provocati dalla siccità, dagli uragani e dal caldo eccessivo ci costerà il 5% di quello che guadagniamo.

Alcuni a questo punto sollevano un dubbio: perché non sostenere semplicemente i costi del riscaldamento globale e risparmiare i costi di transizione? Vale a dire, perché non lasciar crescere le emissioni senza investire neanche un dollaro dei trilioni che servirebbero per azzerare le emissioni? Il problema è che senza i costi della transizione energetica l'incremento di 2,5 °C è una pia illusione. Le stime, piuttosto, indicano incrementi di 4 o 5 °C. E a quel punto, a quanto ammonterebbero i costi? Qui le stime scarseggiano, ma il dato importante, su cui concordano quasi tutti, è che l'effetto economico non sarebbe lineare. I costi esploderebbero. Quelli che dicono che i +2,5 °C ci costerebbero un triliardo e mezzo di dollari (l'1,5% del PIL mondiale) ritengono che 5 °C di incremento delle temperature ci costerebbero tra i 5 e 6 triliardi di dollari.

In sintesi, i costi al 2050 delle due strategie sembrano paragonabili, e sono stimabili in una quota del 5-6% del PIL del mondo. Per scegliere tra le due strade dobbiamo quindi guardare a dopo il 2050.

Ed è qui che la strategia di attesa, senza fare nulla per ridurre le emissioni, rivela la sua debolezza. Perché, come abbiamo visto, i costi del non far nulla aumentano, e quello che era un bilancio economico in pareggio diventa nettamente sfavorevole per la scelta di non intervenire. E più si rimanda, più sarà peggio.

Ci sono analogie nella vita di tutti i giorni che ripropongono questo tipo di problemi. Immaginiamo di avere un tubo che perde nel muro di casa nostra. Ripararlo costa: bisogna pagare l'idraulico, rompere il muro, cambiare il tubo, riparare il muro e poi ridipingerlo. In alternativa, chiamiamo l'imbianchino e ridipingiamo la parete in corrispondenza della macchia d'umidità che si è formata. Facile che in prima battuta ci costi meno, ma i danni dell'acqua nel muro cominciano a crescere. Dovremo far ridipingere anche il soffitto del piano di sotto, dove l'acqua si è infiltrata. Forse a questo punto avremo probabilmente speso una cifra pari a quella per la riparazione del tubo, ma prima o poi dovremo comunque ripararlo. Rimandando la riparazione non si risparmia, perché il tubo che perde è insostenibile.

C'è ovviamente una scelta tra breve e lungo termine,

che con il problema del clima si esaspera perché l'orizzonte del cambiamento climatico è molto più lungo di quello di un tubo che perde, e nessuno di noi vivrà appieno le conseguenze delle scelte che faremo nei prossimi trent'anni. È anche per questo che la prospettiva dei giovani sul clima è spesso diversa da quella degli anziani. D'altra parte, le nostre scelte di vita incorporano spesso aspettative a lungo termine, anche oltre il nostro orizzonte di sopravvivenza: accumuliamo risparmi, quando possiamo, anche da anziani; vogliamo lasciare una casa ai nostri figli. Gli investitori americani scettici sul clima comprano azioni che potranno ripagare l'investimento attraverso i dividendi in un orizzonte di molti decenni, perché sono convinti di poterle rivendere a qualcun altro quando avranno bisogno di denaro. Tutto il sistema capitalista della finanza è fondato su investimenti a lungo termine, dagli immobili alle aziende quotate in borsa.

Il negazionismo che chiede di aspettare *sine die* prima di tagliare le emissioni sembra dimenticarlo.

I grandi oppositori di sempre dei negazionisti vecchi e nuovi del clima continuano a essere gli attivisti dell'ambiente. A loro si è però recentemente aggiunto un nuovo potente movimento.

2
L'indigestione di sostenibilità in risposta alla crisi del clima

La crisi climatica ha fatto esplodere l'attivismo delle aziende per l'ambiente e per la società. La sostenibilità e la sua unità di misura, il cosiddetto rating ESG, diventano il nuovo mantra

Grazie all'esplosione dei Fridays for Future di Greta Thunberg, gli attivisti dell'ambiente hanno compiuto un grande salto di visibilità con i loro attacchi, indirizzati non più solo verso i politici, ma anche contro le imprese e la finanza. Oggi denunciano l'indifferenza del capitalismo, mobilitando la società civile contro un mondo del business che pensa solo ai profitti.

Per le imprese e la finanza occidentale le pressioni sono diventate di un livello e di un tono non dissimili da quelli visti nella crisi della finanza globale del 2009, quando l'imputato è stato il capitalismo selvaggio che aveva messo in ginocchio l'economia per colpa dei bonus pagati ai banchieri. E questa volta sul banco degli imputati non c'è solo la finanza, ma tutte le grandi imprese.

In risposta a questa crisi, è scoppiata una vera e propria rivoluzione nel mondo dell'economia, delle aziende e della finanza. Non c'è grande impresa occidentale, quotata in borsa o privata, il cui vertice aziendale non abbia pronunciato dichiarazioni più o meno imperniate sul seguente messaggio: «Non possiamo più pensare solo ai profitti, ma anche al pianeta e alla società». La posta in gioco sul tema della responsabilità sociale delle imprese, fonte di grandi dibattiti già nel secolo scorso (soprattutto negli Stati Uniti), si è decisamente alzata. Oggi il nuovo mantra nel mondo delle imprese è la sostenibilità.

Si sono così moltiplicati gli impegni e le iniziative di responsabilità ambientale e sociale, il tutto sotto l'egida di una sigla che è diventata un vero e proprio mantra aziendale: ESG, ovvero Environmental, Social, Governance (ambientale, sociale e di buon governo dell'azienda).

I protagonisti di questa rivoluzione – manager, consulenti e finanzieri – non potevano però accettare l'ideologia degli attivisti dell'ambiente che auspicano la decrescita felice. Avevano bisogno di formule che salvassero, almeno in parte, i profitti delle imprese. E così, con l'aiuto dei migliori accademici del mondo, a Harvard, hanno riscoperto l'idea dello *stakeholder capitalism*, secondo la quale l'impresa deve preoccuparsi non solo dei suoi azionisti, ma di tutti i soggetti che le vivono intorno, i suoi cosiddetti *stakeholder*, appunto. In questo capitolo raccontiamo questa rivoluzione.

Che però non è esente dalle ipocrisie della vecchia responsabilità sociale dell'impresa (CSR, Corporate Social Responsibility) grazie alla quale molte imprese, da diversi decenni, sperano di fare ammenda dei loro peccati verso la società.

L'ambiente e il sociale nell'agenda delle grandi aziende

Nel 2019, 181 CEO's (Chief Executive Officer, Amministratore Delegato, AD) delle più importanti imprese del mondo (tra cui Tim Cook di Apple, Jamie Dimon di JPMorgan Chase e Mary Barra di General Motors), riuniti nella CEO Business Roundtable (un'associazione nata nel 1972 e composta dagli amministratori delegati e dai direttori generali delle principali aziende statunitensi), hanno dichiarato che era arrivato il momento di rivedere i propri obiettivi. «Creare valore per gli azionisti», il mantra che fin dagli anni Ottanta aveva sostituito il più semplice e immediato «fare profitti» per sottolineare l'importanza della crescita e della redditività a lungo termine, non era più sufficiente. A lungo andare, pensare solo ai propri ritorni economici non sarebbe stato sostenibile e l'azienda sarebbe stata costretta ad avere un approccio più responsabile, o pagare delle gravi conseguenze. Essere sostenibili voleva dire occuparsi del pianeta e della società. Bisognava pensare alla sostenibilità, ovvero all'impatto dell'attività aziendale sulla società e sull'ambiente. Questo perché l'intera società e le generazioni future alle quali lasceremo il pianeta hanno un interesse da tutelare rispetto a tutto ciò che fa l'azienda. Quindi, per dirla in inglese, società e generazioni future sono a tutti gli effetti degli *stakeholder*. E sono altrettanto importanti degli azionisti, ovvero gli *shareholder*.

La riflessione sugli obiettivi delle imprese non si è certo svolta nel chiuso dei loro uffici, ma ha dato luogo a una pletora di iniziative, alleanze, impegni, patti, dichiarazioni, promesse, auspici e testimonianze di cui ormai anche gli addetti ai lavori hanno perso il conto. Così è avvenuto che, nel corso di questi anni, l'impegno ambientale e sociale sia diventato oggetto di lunghe discussioni nei consigli di amministrazione delle aziende, e sia oggi in cima alle iniziative di comunicazione e relazioni pubbliche che coinvolgono i vertici delle aziende globali. Nel frattempo, i capi azienda sono diventati sempre più protagonisti alle Conference of the Parties (COP), organizzate dall'ONU per discutere sul clima, e inizialmente rivolte soprattutto a politici, diplomatici e scienziati.

La COP28 tenutasi a Dubai nel 2023 ha visto l'inaugurazione, tra le altre iniziative, del Business & Philanthropy Climate Forum (BPCF) che coinvolge cinquecento leader del mondo del business e delle imprese per coordinare e rafforzare l'azione per il clima. Le imprese, assieme alle forze politiche e agli attivisti nella società civile, sono diventate parte attiva dello sforzo globale di contrasto al cambiamento climatico. L'ONU ha anche promosso l'iniziativa United Nations Global Compact, un patto vincolante tra imprese per «allineare la loro strategia e gestione operativa ai principi universali dei diritti umani, del lavoro, dell'ambiente e della lotta alla corruzione, e prendere iniziative in favore di obiettivi sociali». All'iniziativa hanno aderito migliaia di aziende (in Italia 500), tutte intenzionate a raggiungere i 17 obiettivi di sostenibilità per il pianeta (Sustainable Development Goal, SDG) definiti dall'ONU, tra cui: lotta alla povertà, zero fame, parità di genere, energia a basso costo e pulita. Queste sono solo alcune delle iniziative che a livello settoriale (come le associazioni di banche e i gestori di investimenti per la sostenibilità) e geografico moltiplicano le dichiarazioni e gli impegni delle aziende a favore del pianeta e della società.

Tutto ciò sta avendo un forte impatto sui centri nevralgici delle imprese, come i consigli di amministrazione e i loro comitati, i manager e i vertici aziendali, le banche e le assicurazioni. L'impatto è ancora poco visibile per la maggioranza delle imprese più piccole, ma sta crescendo perché le grandi aziende e i grandi istituti di credito di cui sono fornitrici o clienti hanno bisogno di conoscere e rendicontare anche le attività che esse svolgono per adeguarsi alle numerose regole imposte dagli Stati e dalle organizzazioni internazionali. In Italia questo impatto è forse ancora poco percepito perché le grandi imprese sono poche, ma Confindustria, l'associazione di categoria che le rappresenta, ha deciso di fare della sostenibilità un tema chiave, tanto da aver recentemente varato un rapporto sulla sostenibilità in cui dichiara l'obiettivo di diventare un'«associazione di imprenditori responsabili», anche nei confronti «dell'esterno»: la comunità internazionale, le autorità, i media, i fornitori, i clienti. Gli *stakeholder* delle imprese italiane.

Non è la prima volta che si chiede alle imprese di non pensare solo ai profitti ma, come spiegheremo meglio più avanti, oggi lo si fa in modo molto più ampio e vincolante. Il motore dietro questo risveglio delle imprese nei confronti dell'impatto sul pianeta e sulla società è sicuramente l'esplosione dell'emergenza climatica, oggi non più ignorabile. Ed è proprio al clima e all'ambiente che è rivolta la maggior parte delle promesse, delle iniziative e dei programmi. La riduzione e il tendenziale azzeramento delle emissioni di anidride carbonica, principale causa del riscaldamento globale, e l'impegno a contenere l'incremento del riscaldamento della Terra nel medio lungo termine a 1,5 °C rispetto ai valori precedenti all'era industriale sono alla base di centinaia di iniziative, progetti e finanziamenti. Alcune fonti ritengono che gli investimenti verdi, ovvero il valore di azioni e obbligazioni delle imprese che si impegnano per l'ambiente, abbiano raggiunto i 30 triliardi di dollari.

Come vedremo nel dettaglio più avanti, non si tratta solo di parole ma anche di fatti. Nel mondo della produzione energetica si investono miliardi nelle energie rinnovabili, mentre un settore cruciale dell'economia come quello dell'auto sta per essere rivoluzionato dalla mobilità elettrica. Le industrie manifatturiere dell'acciaio e del cemento stanno vivendo un'altra rivoluzione industriale guidata dalla transizione energetica. Il settore dell'agroalimentare è in piena trasformazione nel segno della sostenibilità. Le multinazionali dei beni di largo consumo come Unilever diventano protagoniste della lotta alla deforestazione in Amazzonia e Indonesia; si tratta della stessa Unilever che, di pari passo, è tra le più grandi acquirenti al mondo di olio di palma, ingrediente necessario alla produzione di shampoo, saponi, rossetti e gelati, le cui piantagioni soppiantano le foreste, liberando enormi quantità di carbonio contenuto nella vegetazione distrutta.

L'emergenza climatica sta spingendo grandi aziende tecnologiche come Amazon, Microsoft e Google a investire in energie rinnovabili per i loro data center che consumano enormi quantità di energia (quelle della sola Amazon hanno superato i consumi della Norvegia). Oltre ad aver bisogno di capacità di calcolo sempre maggiori per garantire la crescita del loro business e l'aumento esponenziale dei dati che essa comporta, questi giganti del tech hanno da tempo iniziato a ospitare nei loro data center i sistemi informatici di altre aziende, moltiplicando così le loro necessità in fatto di prestazione, archiviazione e utilizzo delle reti di comunicazioni. Il tutto alimentato (e raffreddato) attraverso l'energia elettrica.

Anche il mondo della moda è pervaso da iniziative e promesse sulla sostenibilità, messe in campo dai grandi marchi del lusso e dell'abbigliamento. Fashion Pact è un'alleanza delle principali imprese del settore – presieduta in passato da François-Henri Pinault, fondatore di PPR e attuale presidente di Groupe Artémis, e oggi da Helena Helmersson, CEO di H&M – che dichiara l'obiettivo di «decarbonizzare la catena del valore e ridurre l'impatto negativo del mondo del tessile sull'ambiente, il clima e la biodiversità».

Al centro di queste iniziative non c'è solo il clima. Le aziende sostenibili mettono nel mirino decine di altri problemi ambientali e sociali: dall'uso delle acque alla scomparsa delle api, dalla deforestazione alla plastica negli oceani. E poi la lotta alle disuguaglianze, la valorizzazione delle diversità, il divario salariale tra uomini e donne, i diritti LGBTQ+ e altre ancora. Portare l'etica nelle aziende non significa più solo rifiutare e condannare l'illecito (corruzione, evasione fiscale e così via), ma anche preoccuparsi dell'ambiente e della società in cui l'impresa vive e prospera. In altre parole, per la prima volta nella storia le imprese e il mondo che vi ruota attorno dichiarano di voler salvare il pianeta rendendo il loro business sostenibile.

L'Enciclopedia Treccani, riprendendo una definizione dell'87 della commissione Brundtland delle Nazioni Unite, interpreta questa visione onnicomprensiva del termine «sostenibilità», definendola come la «condizione di uno sviluppo in grado di assicurare il soddisfacimento dei bisogni della generazione presente senza compromettere la possibilità delle generazioni future di realizzare i propri».

Assieme al desiderio di salvare il pianeta, i bisogni sociali ricevono sempre più l'attenzione dell'ecosistema aziendale, ovviamente in modo diverso tra le diverse geografie e culture. Anche la democrazia del capitalismo anglosassone ne è influenzata: nel 2023, ben 513 delle 836 proposte avanzate nelle assemblee degli azionisti erano di natura sociale.

Tutto ciò sta avendo un grande impatto anche sulle comunicazioni ai mercati, un tempo riserva esclusiva delle discussioni sui dati finanziari. Il «Financial Times» ha rilevato che, mentre tra il 2005 e il 2013 il tema della sostenibilità appariva solo nell'1% delle *earnings calls*, nel 2021 appariva il 25% delle volte.

Mentre negli Stati Uniti la preoccupazione principale resta quella razziale, in Europa le lotte sindacali del secolo scorso che avevano al centro i diritti dei lavoratori (principalmente maschi) si sono trasformate nelle lotte per la parità di genere e per l'inclusione di tutte le minoranze (di genere, etnia e religione). E l'Italia non fa eccezione: le cosiddette «quote rosa» (previste in tanti altri Paesi occidentali, con carattere a volte normativo, a volte volontario) hanno alzato al 40% la percentuale di donne presenti nei consigli di amministrazione delle aziende. E ci si preoccupa sempre di più non solo della rappresentanza del genere femminile, ma anche della riduzione del cosiddetto *gender pay gap*, la differenza nelle retribuzioni tra uomini e donne (che penalizza queste ultime).

Le aziende italiane non sono da meno. Il gestore di supermercati Esselunga ha un piano quinquennale di sostenibilità basato sui 17 target dell'SDG – dalle emissioni di CO_2 al benessere degli animali, dalla riduzione degli sprechi al supporto delle scuole locali e dell'Ucraina. La multinazionale degli occhiali EssilorLuxottica vuole ridurre le sue emissioni di anidride carbonica di 4000 tonnellate all'anno, contribuire alla circolarità utilizzando materiali facili da riciclare, promuovere l'inclusione e la parità di genere, sostenere iniziative di promozione dell'arte, e finanziare la fondazione OneSight, da anni impegnata nei Paesi poveri, dove dichiara di avere restituito la vista a cinquanta milioni di persone. Nel 2022 Banca Intesa ha annunciato l'intenzione di destinare 115 miliardi di euro alla transizione verde, e 500 milioni a iniziative sui temi «comunità e cultura», «soddisfazione del cliente», «tutela del lavoro e dei diritti umani», «diversità e inclusione». L'anno successivo, lo stesso istituto di credito ha annunciato la creazione di un'organizzazione separata – Intesa Sanpaolo per il sociale – per investire 1,5 miliardi di euro entro il 2027 nella riduzione delle diseguaglianze.

L'esplosione della finanza verde

Ancora più visibile è la nuova sensibilità dei tradizionali «cattivi» del capitalismo: le banche e, in generale, la finanza. Gli anni dal 2020 al 2024 hanno visto una gara al rialzo di queste istituzioni, che un tempo facevano della riservatezza e del basso profilo un vanto professionale, a occupare il centro del palcoscenico con dichiarazioni, impegni e raccomandazioni benintenzionate a tutte le aziende a cui fanno credito.

Le banche di tutto il mondo (ma soprattutto quelle europee) hanno creato la madre delle alleanze di settore per la sostenibilità, la Net-Zero Banking Alliance (NZBA), che ha messo assieme 142 banche di 44 Paesi e che oggi rappresenta il 40% degli attivi bancari globali. L'iniziativa, promossa dalle Nazione Unite, si pone l'obiettivo di prestare denaro solamente alle aziende più virtuose sotto l'aspetto della responsabilità sociale e ambientale.

Già nel 2018 Jean-Laurent Bonnafé, CEO di BNP Paribas, il più grande istituto di credito dell'Unione Europea, in occasione del premio conferito dalla rivista «Euromoney» alla «migliore banca del mondo per la finanza sostenibile», dichiarò che «le banche hanno un ruolo chiave nel canalizzare le risorse verso le principali sfide sociali e ambientali». Le autorità europee come la Commissione europea e la BCE vedono di buon occhio l'impegno delle banche a favore del clima, in particolare richiedendo loro la pubblicazione di un crescente volume di dati sull'impatto climatico che hanno gli investimenti finanziati dalle banche. Scottata dalla crisi della finanza del 2009, causata dai «mutui tossici» delle banche americane, e poi estesasi all'Europa, la BCE vuole anticipare i rischi di altri prestiti tossici, questa volta erogati a imprese che avrebbero potuto trovarsi impreparate davanti all'inevitabile peggioramento della crisi climatica, per esempio perché troppo dipendenti dai combustibili fossili.

Ma non ci sono solo le banche. La finanza verde include anche gli investimenti nell'azionariato delle imprese da parte dei grandi fondi di investimento, i cosiddetti «asset manager», che si sono scatenati nell'offrire sul mercato fondi di investimento verdi per i risparmiatori. Si tratta di istituzioni sia indipendenti, come BlackRock, sia interne alle banche e alle assicurazioni, responsabili della maggior parte dell'enorme crescita di finanziamenti verdi. Il principale rappresentante dei grandi gestori, Larry Fink di BlackRock (il maggior gestore di investimenti al mondo con 10 triliardi di dollari di capitali a fine 2023), ha da tempo comunicato ai capi delle imprese nelle quali investono i suoi fondi che è arrivato il momento di contribuire alla sostenibilità del pianeta e della società: «BlackRock ritiene che la responsabilità sociale e ambientale aiuti a creare aziende forti e resilienti che garantiscano valore economico a lungo termine per gli investitori». Anche gli asset manager si sono riuniti nella loro alleanza, la Global Sustainable Investment Alliance (GSIA), che ha la missione di «costruire una forte voce per gli investimenti sostenibili a livello internazionale».

Le alleanze della finanza verde si sono estese anche a investimenti specializzati. Per esempio, i Poseidon Principles – che rappresentano il primo accordo al mondo tra istituzioni finanziarie, specificatamente rivolto al settore marittimo, in materia di *climate alignment* – hanno l'intento di allineare il portafoglio di finanziamenti al trasporto marittimo agli obiettivi della International Maritime Organization (IMO), tra i quali spicca il tentativo di mitigare l'emergenza climatica riducendo le emissioni di anidride carbonica.

Per diventare più sostenibili non lavorano solo le banche, i gestori di patrimoni, ma anche il mondo del *private equity*, ovvero i fondi chiusi che investono in aziende non quotate. Stanno esplodendo gli *impact funds*, una nuova realtà dei fondi *private equity* focalizzati sulla sostenibilità. Per capirne l'origine, basta leggere il libro di Sir Ronald Cohen *Impact. Reshaping Capitalism to Drive Real Change*, un saggio che descrive la storia e le prospettive dei fondi a impatto. Cohen, fondatore di Apax Partners, che con 50 miliardi di attivi in gestione è uno dei fondi di *private equity* più importanti d'Europa, al compimento dei sessant'anni ha lasciato la sua creatura, si è trasferito in Israele ed è diventato l'apostolo dell'*impact capitalism*, un «modo per coniugare profitti e sostenibilità sociale e ambientale». In una conversazione con uno degli autori del saggio ha commentato: «Non volevo che sulla mia lapide ci fosse scritto: "Ha creato molto IRR (Internal Rate of Return) per i suoi investitori"».

La finanza sostenibile ha però bisogno di metriche quantitative per misurare quanto siano buone le aziende a cui fare credito e in cui investire.

ESG: misurare la «bontà» di un'impresa

È stato proprio un banchiere, James Gifford, responsabile della sostenibilità di Credit Suisse (fallita nel 2023 e salvata da UBS), a coniare l'acronimo ESG, che cerca di catalogare e misurare le innumerevoli dimensioni in cui un'impresa può avere un impatto positivo o mitigare quello negativo di ciò che fa sull'ambiente (E) e sulla società (S), e come si organizza (la G di Governance) per riuscirci.

L'idea di fondo è che, se le imprese non devono più pensare solo ai profitti, sono necessari dei parametri in base ai quali misurare il loro contributo al pianeta e alla società: che si tratti delle tonnellate di CO_2 emesse dalle loro fabbriche o dal riscaldamento dei loro uffici, o di quelle di cui sono responsabili i loro fornitori e clienti; della parità di genere nelle carriere, misurando la percentuale di donne nei consigli di amministrazione e nei primi livelli della gerarchia aziendale; o del contributo che forniscono alle loro comunità, conteggiando le ore di volontariato dei loro dipendenti in orario di lavoro. Tutto ciò viene rigorosamente comunicato come si fa con un bilancio aziendale che, alla fine di ogni anno, racconta quanto l'azienda ha guadagnato e perché.

Gli obiettivi e i programmi per il clima cercano di apparire il più possibile scientifici dandosi dei target che dicono essere «basati sulla scienza», secondo il motto «Follow the Science» coniato dal movimento Fridays for Future. L'emergenza climatica ha cambiato completamente il significato di «sostenibile» rispetto ai tempi della vecchia responsabilità sociale delle imprese. Si perde il significato qualitativo e morale, in cui il valore delle buone azioni è soprattutto dato dallo sforzo che ci si mette, e lo si sostituisce con un obiettivo pragmatico e preciso, rispetto al quale conta l'efficacia, non l'impegno. E per essere certi di poter contenere il disastro climatico, l'efficacia dev'essere misurata rigorosamente.

Nel mondo del management esiste il detto «non si può gestire ciò che non si può misurare», e da decenni si usano i cosiddetti Key Performance Indicators (KPI), numeri che indicano dove e come l'azienda sta raggiungendo i suoi obiettivi di strategia e risultato: il tempo di attesa per consegnare un prodotto ai clienti, la percentuale di scarto in una linea di produzione, quanti clienti che entrano nel sito web comprano qualcosa. Era inevitabile che, a partire dai KPI del clima (le emissioni di anidride carbonica CO_2), si cercassero indicatori simili per tutte le problematiche sociali e ambientali. Il sogno, oggi ancora irrealizzato, dei fautori della sostenibilità è di conferire a tutti gli altri temi della sostenibilità uno status di verità scientifica con indicatori globali che ne misurino il progresso.

Nasce così il reporting ESG e le aziende puntano a misurare tutti gli impatti possibili e immaginabili, da quelli sulle api a quelli sull'istruzione. I 17 obiettivi di sviluppo sostenibile dell'ONU si declinano in 169 target (per esempio, il numero di giovani con competenze di informatica) e oltre 7000 azioni che servono per raggiungerli (per esempio, migliorare le strutture scolastiche). Nel mondo dell'accademia e della regolamentazione esplodono entità e agenzie con lo scopo di misurare l'impatto delle aziende su tutto ciò che è legato alla sostenibilità. In pochi anni sono diventate più di 160. B Lab, per esempio, è una società no profit che vuole usare il «business come una forza per il bene», e ha creato il Global Impact Investing Rating System (GIIRS) per misurare l'impatto su tutti gli *stakeholder*. Poi ci sono il Sustainable Accounting Standards Board (SASB), dedicato agli investitori e che definisce standard di contabilità ambientale e sociale, e la Global Reporting Initiative (GRI), che si concentra sulle metodologie per rendere trasparenti le metriche di sostenibilità delle aziende.

Il sogno degli evangelisti della sostenibilità, soprattutto gli accademici, è riuscire a misurare con un solo numero, come si fa per i profitti, l'impatto sociale e ambientale di un'azienda, per poterla paragonare alle altre e guidare le scelte degli investitori. Ed era inevitabile che una delle maggiori iniziative di questo tipo, chiamata Impact-Weighted Accounting (IWA), nascesse a Harvard, diventata oggi il tempio della sostenibilità aziendale. L'iniziativa vuole definire come integrare l'impatto sociale e ambientale dell'attività ESG di un'azienda nei suoi bilanci finanziari, dando un peso ai vari fattori di impatto come se fossero voci del conto profitti-perdite della contabilità. Sarebbe così teoricamente possibile paragonare l'impatto sociale e ambientale di due aziende concorrenti se presenti nella lista di aziende IWA. Per esempio, se misuriamo l'impatto ambientale di Coca-Cola rispetto a quello di PepsiCo nel 2018, si nota che quest'ultima ha generato un costo ambientale molto inferiore nonostante abbia fatturato circa il doppio della rivale.

L'obiettivo è chiaro: orientare le scelte di chi investe sulla base delle metriche ESG e non più solo dei tradizionali bilanci aziendali. Il che rappresenta un passo importante, nella mente dei fautori più radicali delle idee sulla sostenibilità, nella direzione di reinventare il capitalismo. E già la metà delle aziende quotate alla borsa di Londra legano la retribuzione dei loro manager ai target ESG.

Oggi, in Italia, il 90% delle grandi imprese quotate pubblica un ESG report, e per tutte le banche, le assicurazioni e le società quotate con più di 500 dipendenti è un obbligo normativo la cosiddetta Dichiarazione Non Finanziaria (DNF, oggi chiamata CSRD, Corporate Sustainability Reporting Directive). Obblighi molto più stringenti sono arrivati nel 2024 per le grandi imprese in seguito alla direttiva dell'UE sulla rendicontazione di sostenibilità, che punta a influenzare cinquantamila imprese, ovvero il 75% del fatturato delle aziende europee.

Anche il World Economic Forum si è allineato a questa rivoluzione e il tema ESG/sostenibilità occupa gran parte dell'agenda dei potenti che si riuniscono ogni anno a Davos. E anche questa organizzazione cerca di definire metriche per lo *stakeholders capitalism* da aggiungere ai tradizionali bilanci aziendali.

Il report ESG è alla base dei punteggi attribuiti dalle agenzie di rating della sostenibilità (spesso le stesse che forniscono un rating sul debito delle aziende), ognuna con la sua diversa metodologia di calcolo dei punteggi. I report di queste agenzie sono utilizzati dagli investitori e dai finanziatori per valutare la performance sociale di un'impresa, esattamente come viene valutata la sua performance economica.

Il sistema bancario, in particolare quello europeo, sta disperatamente cercando le metriche ESG per controllare l'esposizione al rischio di insostenibilità delle aziende a cui le banche prestano denaro.

Apostoli, seguaci ed evangelisti dell'ESG

I punteggi ESG e le iniziative di sostenibilità sono ormai diventati il cavallo di battaglia dei dipartimenti di pubbliche relazioni di quasi tutte le grandi imprese. Basta aprire i loro siti web, leggere le interviste dei loro leader o partecipare a un loro convegno per comprendere come non ci sia più una banca o un'impresa industriale o commerciale che non faccia dell'ESG e della sostenibilità la propria bandiera.

Il tempo, le risorse e l'attenzione dedicati oggi al tema

dell'ESG sono enormi. Il numero di volte che l'acronimo viene citato nelle assemblee è letteralmente esploso. Quasi tutte le grandi aziende hanno il loro *sustainability manager*, un dirigente di alto livello preposto unicamente a questo compito, e i consigli di amministrazione dispongono del proprio comitato ESG. Una grande quantità di tempo viene dedicata a comunicare e mobilitare sul tema gran parte del personale dell'azienda, e ovviamente anche la comunicazione esterna, indirizzata sia ai media sia agli investitori, viene imbevuta di sociale.

Un tema che assorbe così tante risorse (si stima in 8 miliardi di dollari nei soli Stati Uniti) non può non attrarre una pletora di professionisti, consulenti, esperti e accademici interessati a quello che è diventato un grande business. L'ESG crea un grosso volume di affari per i consulenti certificatori che aiutano a verificare i bilanci sociali. L'idea che l'ESG dev'essere integrato con la strategia aziendale ha recentemente ingolosito i colossi della consulenza strategica come McKinsey, Bain e Boston Consulting Group. Quest'ultimo dichiara che nel 2022 ha effettuato 1500 progetti su temi che hanno un impatto sociale e planetario con 780 clienti, e conta su più di 2100 consulenti esperti in materia. Bain non è da meno: 500 progetti e 480 partner e manager esperti in sostenibilità.

Anche nelle università, soprattutto nelle facoltà di economia e management, la sostenibilità diventa un tema importante. Harvard offre un *master in sustainability*; Columbia, Yale, Berkeley e Oxford propongono percorsi analoghi, e i loro docenti fanno dell'ESG e della sostenibilità una nuova piattaforma per ricerche accademiche, saggi e consulenze aziendali. Le università europee, come Bocconi, la francese HEC, la spagnola ESADE, non sono da meno. L'idea comune a tutti è che l'ESG debba venir integrato in una nuova strategia aziendale che ha l'obiettivo di rendere sostenibile il pianeta e la società, e che la sostenibilità non debba escludere la creazione di valore per gli azionisti.

Questo vasto, multiforme e molto pubblicizzato movimento che segue i principi ESG non è ovviamente nato dal nulla. Per farlo esplodere ci sono voluti due ingredienti: un insieme di idee e di pratiche del mondo delle imprese che proseguivano un po' sottotraccia da oltre un secolo e che sono state chiamate con diversi nomi – dalla filantropia d'azienda (*corporate philantropy*) alla responsabilità sociale d'impresa (Corporate Social Responsibility, CSR); e un potente detonatore, la crisi climatica, che di colpo ne ha moltiplicato le ambizioni e ha fatto esplodere la risonanza in tutto il mondo delle imprese e della finanza.

Rintracciare le origini del pensiero e delle pratiche aziendali in tema di sostenibilità ci aiuta a capire meglio cosa sta succedendo oggi e quanto una miscela di nobili ideali, sensi di colpa e un pragmatico desiderio di guadagnarsi l'appoggio della società abbia da lungo tempo alimentato l'impegno delle imprese verso i loro *stakeholder*.

Il fuoco che covava sotto la cenere da oltre un secolo: la responsabilità delle imprese verso la società

I proprietari dei grandi imperi industriali del diciannovesimo secolo, cresciuti soprattutto negli Stati Uniti, come Andrew Carnegie (acciaio), la famiglia Vanderbilt (trasporti) e i Rockefeller (petrolio), avevano un ruolo estremamente attivo nella gestione delle loro aziende. Nei loro imperi la figura del manager e dell'investitore si fondevano, e nella percezione comune la personalità individuale del magnate era fortemente sovrapposta a quella dell'azienda.

Con lo sviluppo dei loro imperi, nasceva una classe di capitalisti che gestivano imprese di dimensioni enormi, accumulando ricchezze che li poneva sui gradini più alti della società, in particolare in America, dove l'aristocrazia di origine nobiliare era inesistente. Si dà il caso che questi imprenditori spesso ne facessero di cotte e di crude, al punto da guadagnarsi la nomea di *robber barons* (baroni ladroni): sfruttavano i lavoratori, approfittavano dei clienti, e si facevano promotori di pratiche commerciali scorrette nei confronti dei concorrenti nel tentativo di metterli fuori gioco con ogni mezzo, ammassando spesso enormi ricchezze a danno della società. Non che in Europa fossero tutti dei santi: nessuno dimentica le imprese tedesche, come Krupp, arricchitesi grazie al nazismo.

I baroni ladroni americani, per ripulire la propria immagine e consolidare quell'ammirazione da parte dei contemporanei che il solo denaro non poteva garantire loro, si imbarcarono in veri e propri programmi di sviluppo sociale, investendo nelle scuole, nelle istituzioni culturali e nel benessere delle comunità in cui si erano arricchiti. Per esempio, lo fecero i Carnegie negli Stati Uniti, e lo fece Alfred Nobel in Europa, che istituì il premio che oggi porta il suo nome per espiare l'acquisizione di grandi ricchezze attraverso la vendita di armi.

Questa responsabilità sociale era una vera e propria forma di filantropia imprenditoriale, che esiste tuttora nei contesti economici dove gli imprenditori continuano a essere attivi protagonisti delle loro imprese e il capitalismo familiare continua a essere importante. In Italia è oggi, assieme alla filantropia delle fondazioni bancarie, il principale attore della filantropia e della responsabilità sociale delle imprese.

Tuttavia, verso la seconda metà del secolo scorso abbiamo assistito a un'altra grande evoluzione: la responsabilità sociale dei tycoon dell'industria si è trasformata in responsabilità sociale delle corporation, e ha preso il nome di responsabilità sociale d'impresa. L'ambizione degli imprenditori di guadagnarsi l'ammirazione della comunità è stata sostituita dalla necessità dei manager di rispondere a nuove pressioni della società. Negli anni Sessanta e Settanta cominciavano le prime battaglie dei consumatori, difesi dall'avvocato Ralph Nader, contro la General Motors, o contro la General Electric per l'inquinamento del fiume Hudson. A questi nuovi interlocutori bisognava dare un nome, così nacque il termine *stakeholderism*, utilizzato per la prima volta nel 1963 in un memorandum interno dello Stanford Research Institute, per indicare l'insieme delle persone interessate da ciò che fa l'azienda: autorità pubbliche, regolatori, clienti, personale, comunità locali.

I manager devono giustificare ai loro azionisti il denaro che spendono in iniziative di responsabilità sociale, e così la CSR formalizza il concetto di responsabilità dell'impresa non solo verso i propri azionisti, ma verso l'intera società.

Col tempo tutte le maggiori imprese americane si sono impegnate in programmi CSR più o meno formali che continuano ancora ai giorni nostri e che hanno preso la forma di rapporti da allegare al bilancio contabile di fine anno. Nel 1992, solo 26 grandi aziende pubblicavano un CSR report; nel 2008, erano diventate 3000 (solo negli Stati Uniti). La responsabilità sociale d'impresa è così diventata una forma di filantropia aziendale, mossa dalla stessa logica di compensazione per i propri profitti adottata dai Carnegie e dai Rockefeller anni prima, rendendo però esplicito il concetto di «riparazione» dei danni causati.

La diffusione della responsabilità sociale d'impresa negli Stati Uniti sollevò anche voci critiche. Una, in particolare, è stata quella del Nobel Milton Friedman che, in un articolo del «New York Times» del 13 settembre 1970 intitolato *La responsabilità sociale del business è quella di aumentare i suoi profitti*, sosteneva che la responsabilità primaria delle aziende è nei confronti degli azionisti, che si aspettano un ritorno dal loro investimento. Friedman toglieva così la foglia di fico a quei manager che si mostravano generosi con i soldi degli azionisti, e inaugurava l'era dello *shareholder value*, con il profitto e il capitale che guadagnano piena rispettabilità sociale, senza sudditanze verso la vecchia aristocrazia o la politica. In Occidente e, qualche anno dopo, anche al di là dell'ex cortina di ferro.

Friedman sosteneva che gli affari contribuiscono alla società creando valore economico e occupazione, e criticava la nozione secondo cui l'imprenditore debba impegnarsi in attività sociali e ambientali, oltre che in quelle che gli consentono di generare profitti. Riteneva che un'idea simile creasse costi inutili, distraesse il management dal suo obiettivo principale e, alla fine, limitasse la libertà economica stabilendo patti impliciti e non trasparenti tra le imprese e la politica. Friedman pensava infatti che le problematiche sociali fossero responsabilità dello Stato, non delle aziende.

L'articolo di Friedman sollevò un grande dibattito che continua tutt'oggi. Politici, accademici, uomini d'affari, attivisti e consulenti da cinquant'anni criticano la miopia della sua prospettiva, il rischio che essa porti solo alla ricerca di profitto a breve termine, con una visione totalmente amorale che alla fine danneggia la stessa industria che Friedman voleva proteggere. Un acerrimo nemico di questo pensiero è lo svizzero Klaus Schwab, che nel 1971 rispose creando lo European Management Forum, trasformatosi poi nel World Economic Forum di Davos.

Dalla CSR all'ESG

L'ESG ha le sue radici nella CSR, ma l'ha rilanciata con ben altra dimensione, espandendone la sfera di responsabilità a livello planetario, e nella rigidità degli obblighi.

Le imprese diventano responsabili di tutto ciò che ruota attorno a esse, anche lontano da casa loro. Non si guarda più solo alle comunità in cui l'impresa opera direttamente. L'impresa è responsabile di tutta la catena di approvvigionamento (*supply chain*) anche in altri Paesi, fino ai continenti lontani da cui spesso vengono le materie prime di cui sono fatti i suoi prodotti. Ci si preoccupa del lavoro minorile nelle fabbriche di scarpe nei Paesi in via di sviluppo, delle condizioni di lavoro nelle piantagioni di tè, cacao e caffè. Per esempio Ferrero, la più grande multinazionale italiana dell'alimentare, ha ripensato in modo sostenibile tutta la sua *supply chain* nelle nocciole e nel cacao.

Questo avviene non perché i CEO di Nike, Nestlé, Ferrero e Unilever si sono improvvisamente risvegliati con impulsi di bontà nei confronti del loro personale e dei loro fornitori, ma perché nel mondo della comunicazione globale, i media e i consumatori dei loro mercati sono molto più sensibili alle condizioni di lavoro e di vita di chi produce le scarpe che indossano o il caffè che bevono. E le imprese sono anche responsabili del comportamento dei professionisti che lavorano con loro: se una nota influencer italiana con 30 milioni di follower si trova coinvolta in uno scandalo di *social-washing* perché un'azienda di panettoni e una di uova di Pasqua l'hanno pagata milioni per apparire con i loro prodotti e vantarsi di donazioni benefiche in realtà irrisorie (rispetto al cachet versato), la responsabilità è delle imprese (e ovviamente anche della influencer).

Di questi tempi, i numerosi evangelisti dell'ESG e della sostenibilità hanno ripreso le critiche a Milton Friedman con più forza che mai, con argomenti anche diversi rispetto al passato. Alcuni sostengono che se le idee di Friedman potevano andare bene negli anni Settanta, questo non è più vero oggi che gli Stati entrano attivamente nell'economia per salvare banche fallite, finanziare costi crescenti della sanità e sussidiare ricerche contro le pandemie e investimenti in fonti rinnovabili. A proposito dell'ambiente, Friedman diceva «chi sporca deve pagare i costi per ripulire», ma i critici sostengono che nella realtà capire quali siano questi costi non è certo semplice e che le leggi per addebitarli a chi sporca non funzionano granché, specialmente nei Paesi in via di sviluppo.

Un elemento importante di cambiamento della sostenibilità rispetto alla CSR è che i suoi principi sono molto più prescrittivi nei confronti delle imprese della logica che aveva la CSR, che era in fondo una forma di filantropia volontaria verso i lavoratori e le comunità delle aziende. Questi principi si fondano sull'idea che le imprese abbiano un vero e proprio contratto sociale con l'ambiente e la società, che dà all'impresa il diritto di esistere solo se lo rispetta. Il contratto sociale è la legittimazione ideologica di ciò che è divenuto oggi l'ESG: un vero e proprio codice di regole a cui deve sottostare l'impresa, molto diverso dalla filantropia volontaristica della CSR. Imprese con un basso rating ESG rischiano di trovarsi con meno investitori, più consumatori delusi e sanzioni da parte dei regolatori.

La nuova dimensione della sostenibilità rappresentata dall'ESG diventa una necessità per le aziende, non solo per gli obblighi del contratto sociale, ma perché, sostengono i suoi fautori, viene integrata nella strategia aziendale per creare valore. Valore che però non deve più andare interamente agli azionisti, ma deve essere condiviso con la società e le generazioni future che erediteranno l'ambiente con cui l'impresa viene oggi a contatto.

Con la crisi del 2009, il problema dei danni causati da singole aziende a specifiche comunità era già diventato un problema sistemico del capitalismo: banche e assicurazioni prima vendevano prodotti tossici e poi venivano salvate a spese (dirette o indirette) dello Stato; le aziende automobilistiche venivano nazionalizzate; e la potentissima General Electric, fino a qualche anno addietro la prima azienda al mondo per capitalizzazione di mercato, veniva trascinata nella polvere dal suo ramo finanziario, e con essa finiva nella polvere l'idolo dello *shareholder value*: il suo ex CEO Jack Welch.

Il mondo del business aveva bisogno di qualcosa di diverso dallo *shareholder value* di Friedman. A concepirlo arrivò Michael Porter, guru di Harvard sul tema della strategia, con l'idea di sostituire lo *shareholder value* con lo *shared value* (valore condiviso). Nel 2011, Porter riprese alcune sue vecchie idee sulla CSR e insieme a Mark Kramer pubblicò sulla «Harvard Business Review» un articolo intitolato *The Big Idea: Creating Shared Value*, ovvero «come reinventare il capitalismo e scatenare la prossima era di innovazione e crescita». Per Porter lo *shared value* si otteneva tramite processi di CSR non separati dalle attività principali dell'impresa, ma pienamente integrati con la sua strategia, che dev'essere ridefinita in base a nuovi approcci. La ricerca dello *shared value* deve ridefinire il *purpose*, ovvero la missione dell'azienda, e aumentare il valore complessivo creato per tutti gli *stakeholder*.

Il passaggio dalla logica volontaristica, un po' episodica, locale e fondamentalmente di restituzione e compensazione della CSR, a quella obbligatoria, sistematica, globale e di creazione del valore complessivo della sostenibilità e di ESG, avvenuto negli ultimi anni, rappresenta una trasformazione profonda e un salto di qualità sostanziale rispetto alle idee della CSR degli anni Settanta. Che però inizia a incorrere in pesanti critiche.

3
Arriva una valanga di scetticismo sulla sostenibilità

Con la crescita della sostenibilità aziendale crescono anche le critiche: gli scettici la accusano di essere illusoria, confusa, ipocrita e terribilmente burocratica

Le critiche e gli scetticismi sulla sostenibilità sono partiti negli Stati Uniti, dove esiste una cultura del capitalismo che si oppone più decisamente alle forze che limitano la libertà d'impresa. Ed è naturale che le critiche più feroci siano nate nel mondo dei fondi di investimento, quegli asset manager per i quali BlackRock e il suo leader Larry Fink sono diventati i campioni della sostenibilità. In tutto il mondo, però, la finanza verde che voleva salvare il pianeta con l'alleanza Net Zero ha iniziato a ripensare il proprio ruolo.

Green e *social washing*, le aziende accusate di dichiarare e promettere molto ma realizzare poco per l'ambiente e società. Obiettivi confusi, metriche poco credibili che alimentano una burocrazia in crescita esponenziale.

Questi scetticismi e queste critiche provocano un preoccupante danno collaterale: rafforzano i negazionisti vecchi e nuovi della crisi climatica. In Europa, le critiche non sono ancora esplose come negli Stati Uniti, ma i leader non sembrano rendersi conto che l'ondata è in arrivo anche nel Vecchio continente.

Arrivano in massa critiche e scetticismi

L'«Economist», pur essendo un sostenitore della gravità della crisi climatica, condanna da tempo la mancanza di rigore, di focalizzazione e di pragmatismo dei sostenitori dell'ESG. Il 21 luglio 2022 ha messo in copertina il titolo *ESG. Three letters that won't save the world*. Dal canto suo, il «Wall Street Journal» spiega «perché l'esplosione degli investimenti sostenibili è sballata (...) gli investimenti sostenibili possono cambiare il mondo e... ripulirvi il portafoglio, (e che) la follia ESG di Wall Street sta sparendo», raccontando come nel 2023 si sia invertita la tendenza alla crescita di «fondi di investimento verdi» (una quarantina sono stati chiusi e 14 miliardi di dollari di investimenti sono stati ritirati).

Ma a essere in ritirata non è solo il risparmio nei fondi di investimento verdi: anche gli azionisti americani delle singole società iniziano a ribellarsi. Mentre, come abbiamo raccontato, nel 2023 nelle assemblee delle società americane abbondavano le proposte di natura sociale, oggi iniziano a farsi sentire anche le proposte «anti-ESG», salite da 9 nel 2021 a 41 nel 2022 e a 92 nel 2023. Ancora in minoranza, ma in forte crescita. La Exxon Mobil, incoraggiata dal clima anti-ESG, è arrivata a fare causa ai suoi stessi azionisti che portavano avanti proposte verdi.

Un sondaggio condotto nel maggio 2023 dalla Conference Board, un'associazione delle principali aziende quotate nel mondo, su 125 aziende evidenziava che metà di esse erano state criticate per l'adesione a politiche ESG ritenute dannose per gli azionisti. Un altro sondaggio, condotto stavolta presso gli investitori istituzionali (fondi pensione, assicurazioni), dimostrava che 3 su 4 non credevano al valore dei punteggi ESG e alla significatività dei risultati dichiarati dalle imprese e dai gestori di patrimoni relativamente ai loro investimenti. Il Conference Board stimava anche che i costi della rendicontazione ESG per i suoi associati fossero arrivati a 8 miliardi di dollari, ma ciò che preoccupava di più i detrattori dell'ESG era il tempo che i consigli di amministrazione e i top management dedicavano a queste attività.

Inizia poi a scricchiolare la teoria portata avanti per diversi anni dai sostenitori dell'ESG secondo la quale le aziende più attive su questo fronte riuscivano a creare anche più valore per i propri azionisti. Diverse ricerche mettono in serio dubbio tale affermazione. Nel 2019 un articolo del «McKinsey Quarterly» intitolato *Five Ways that ESG Creates Value* (Cinque modi con cui ESG crea valore) sosteneva che le imprese capaci di integrare ambiente, sociale e buona governance creavano più valore per gli azionisti di quelle che non lo facevano perché fatturavano di più a consumatori sensibili alla sostenibilità, riducevano i costi (per esempio dell'energia) ed evitavano multe con le autorità di regolamentazione. Nell'articolo si riportavano i risultati di più di duemila studi che avevano cercato di correlare l'impatto delle proposte ESG sull'andamento in borsa dell'azienda, e si raccontava che nel 63% dei casi si era trovata una correlazione positiva e solo nell'8% negativa. Purtroppo, tre anni dopo un altro articolo della stessa rivista (diversi gli autori) intitolato *Does ESG Really Matter – and Why?* (L'ESG è davvero rilevante? E perché?) sosteneva che, anche se i buoni risultati delle aziende con elevati punteggi ESG fossero stati veri, non avrebbe significato granché perché i migliori punteggi ESG erano ottenuti dalle big tech che, da un lato, emettevano poca CO_2 e trattavano bene il loro personale e, dall'altro, creavano valore beneficiando della rivoluzione tecnologica di questi anni più che dei loro programmi di sostenibilità.

Anche a Harvard le idee sembrano cambiare col tempo. George Serafeim, professore di Harvard e grande campione dell'ESG, nel 2015 scrisse un articolo sulla «Harvard Business Review» intitolato *The Type of Socially Responsible Investments That Make Firms More Profitable* (Il tipo di investimento sostenibile che rende le aziende più redditizie) in cui affermava che uno studio della sua università dimostrava che le aziende che investivano in ESG miglioravano la loro performance di borsa. Si dà il caso che quattro anni dopo lo stesso Serafeim (questa volta in compagnia dei già citati Michael Porter e Mark Kramer) scriveva un altro articolo su «Institutional Investor», *Where ESG Fails* (Dove l'ESG fallisce), nel quale sosteneva che, nonostante le migliaia di studi, non era possibile dimostrare che un buon punteggio ESG fosse collegato con migliori risultati in borsa. Leggendo in dettaglio l'articolo, si evince che gli autori ritengono che strategie socialmente vincenti possano anche creare valore, ma che i punteggi ESG non riconoscono quelle che effettivamente riescono a farlo.

Negli Stati Uniti le critiche all'ESG vanno in parallelo a quelle mosse allo *stakeholder capitalism*, bandiera dei nuovi apostoli della sostenibilità a stelle e strisce, che desiderano un capitalismo meno orientato ai profitti. Queste idee vengono racchiuse nell'espressione dispregiativa *woke capitalism*, con cui si denuncia l'ideologia di sinistra dei fautori del capitalismo sostenibile. Il termine *woke* nacque dopo che, il 25 maggio 2020, George Floyd, un cittadino afroamericano di Minneapolis, venne ucciso dall'agente di polizia Derek Chauvin, come presa di coscienza (da *awake*, «stare all'erta/ben svegli») del fatto che il razzismo esiste ancora. Utilizzato all'inizio dagli attivisti per i diritti dei neri americani per indicare la consapevolezza delle ingiustizie razziali, nel linguaggio della destra americana è diventato spesso sinonimo di «estremista di sinistra». In tal senso, i critici del capitalismo *woke* affermano che la sostenibilità apre le porte a un capitalismo che mina alle radici la forza dell'economia americana e la conduce sulle tracce di economie stataliste come quelle europee.

In Europa, dove le critiche al *woke capitalism* ancora non sono arrivate, si inizia però a sentire una forte incertezza, mista a varie preoccupazioni sul fronte della campagna per la sostenibilità della finanza e delle imprese. Le accuse di *green* e *socialwashing* da parte degli attivisti non risparmiano neppure chi si dà da fare più degli altri. La già citata BNP Paribas, molto impegnata sul fronte del cambiamento climatico (pluripremiata, come visto, per il suo contributo alla sostenibilità), è stata attaccata violentemente e addirittura portata in tribunale da tre ONG francesi – Les Amis de la Terre, Oxfam France e Notre Affaire à Tous – perché continua a finanziare l'energia fossile, nonostante siano stati dimostrati i suoi sforzi per ridurre gli investimenti nel settore: mentre dieci anni fa rappresentavano il 95% di quelli complessivi destinati all'energia, in questi anni si sono molto ridotti, poiché quelli nell'esplorazione e nella produzione petrolifera si sono quasi azzerati, e le risorse destinate alla produzione di gas si sono ridotte del 30%, focalizzandosi su impianti a basse emissioni di CO_2 e in linea con le regole europee per la transizione energetica. Molte banche iniziano così a pensare che sia meglio fare poco e non rilasciare dichiarazioni per non essere accusate di *greenwashing*, e la tanto declamata alleanza Net Zero sta scricchiolando (quella tra le assicurazioni è già praticamente defunta da quando si sono ritirate Allianz e Zurich).

Tuttavia, molti altri leader europei non sembrano rendersi conto della valanga in arrivo e dei rischi di immagine che derivano dal voler apparire come i campioni della sostenibilità. I fustigatori citano come esempio di ipocrisia sempre Klaus Schwab, evangelista dello *stakeholder capitalism* e fondatore del World Economic Forum di Davos, dove ogni anno i potenti del mondo si incontrano per fare network e business sotto l'ombrello ideologico della salvaguardia del pianeta. Sostengono, in barba a tutte le ricerche, che attraverso la sostenibilità guadagnano di più. Proprio durante un panel di qualche anno fa a Davos, lo storico olandese Rutger Bregman ha aspramente criticato l'elusione fiscale dei miliardari riuniti a parlare di ineguaglianza, ricordando che il fallimento globale nel combattere questo fenomeno è la principale causa della diseguaglianza mondiale (il clip del panel vanta 11 milioni di visualizzazioni). Incidentalmente, un tale signor Philipp Wilhelm è stato uno dei critici della riunione annuale tra miliardari e politici nella sua città natale, ma oggi è diventato sindaco di Davos e accoglie il WEF (World Economic Forum) a braccia aperte.

Finanza che approfitta di metriche sballate

La principale ragione di fallimento della finanza Net Zero è la mancanza di credibilità delle metriche di misura della sostenibilità delle aziende che vengono finanziate o nelle quali gli asset manager investono. I punteggi ESG in base ai quali si prendono (o si dovrebbero prendere) le decisioni sono considerati sballati.

Il problema principale è che le variabili sociali e ambientali, al di là della CO_2, sono moltissime. Prendiamo una sola categoria, la cosiddetta «inclusione» tra i dipendenti: di un'azienda vengono misurate le percentuali di manager e alti dirigenti appartenenti alle categorie più disparate – donne, minoranze etniche e religiose, persone con handicap, eccetera – e si riportano, da un lato, gli obiettivi di crescita della presenza delle categorie svantaggiate nei livelli manageriali, dall'altro, i vari programmi che l'azienda mette in pratica per raggiungere questi obiettivi e aumentare la consapevolezza dell'importanza di questi temi tra i suoi dipendenti. Ma confrontare tra loro queste rilevazioni, diverse da un'azienda all'altra, per poi attribuire un rating complessivo è fortemente arbitrario.

Accanto alle misure delle pari opportunità per le minoranze, ci sono gli investimenti fatti dalle aziende per il benessere del personale. Abbiamo così decine di temi legati alla gestione dei dipendenti (quanto sono pagati, quanto sono formati, come vengono gestite le malattie, la disabilità o la genitorialità) che cercano di misurare quanto fa l'azienda per il benessere dei suoi lavoratori. Naturalmente le aziende di grandi dimensioni sono più in difficoltà, perché il costo di queste misure pesa maggiormente sul loro conto economico e la loro competitività. Walmart e Amazon vengono continuamente messe in discussione per come trattano i loro dipendenti, in totale circa quattro milioni di persone.

Con questa confusione di metriche si arriva al risultato piuttosto assurdo che Standard & Poor's Corporation (S&P) abbia inserito nella sua classifica di aziende virtuose dal punto di vista ESG la Exxon, uno dei maggiori produttori di combustibili fossili, ma non Tesla, forse l'azienda che ha fatto di più al mondo per cercare di ridurne l'utilizzo. Per questo, in merito all'acronimo, l'«Economist» ha suggerito di focalizzarsi solo sulla E/ambiente e, al suo interno, solo sulla decarbonizzazione, dimenticando la G e soprattutto la S, che si presta a un gigantesco rischio di *social* e *pinkwashing*, di cui parleremo ampiamente più avanti. Ma purtroppo, anche quando si tratta solo della decarbonizzazione, il *greenwashing* impazza. Lo ha denunciato lo stesso «Economist» quando, analizzando i 20 più grandi fondi ESG, ha scoperto che ognuno di loro aveva almeno 17 investimenti in combustibili fossili. Cosa di per sé neppure particolarmente grave perché la transizione energetica richiede tempo (è appunto una *transizione*) e ci sono imprese fossili che stanno investendo in energie rinnovabili e in tecnologie innovative di cattura della CO_2. Ben più grave è un'altra analisi condotta dal settimanale inglese, secondo cui la Global Sustainable Alliance (un fornitore di dati ESG) ha stimato che nel 2020 gli investimenti ESG dichiarati ammontavano già a 35 trilioni di dollari, un terzo del totale degli investimenti finanziari nel mondo. Chiaramente un eccesso, frutto delle manchevolezze delle metriche che definiscono un fondo ESG e di una pubblicità esagerata.

Anche gli asset manager, soprattutto negli Stati Uniti, sono accusati di *greenwashing* perché le loro dichiarazioni riguardo ai loro contributi alla sostenibilità del pianeta grazie a investimenti ESG si rivelano basate su metriche fasulle. Tariq Fancy, l'ex responsabile degli investimenti ESG presso BlackRock, sostiene che gli unici a beneficiare dell'ESG Investing sono i grandi gestori di patrimonio che incassano laute commissioni, mentre né il pianeta né la società ne ricevono alcun vantaggio; e aggiunge che è impossibile dimostrare che i fondi di investimento verdi rendano di più, perché se sono saliti è perché c'è molta domanda, non perché le imprese in cui si investe sono un miglior affare. Considera i fondi verdi «un misto di marketing, PR e promesse bugiarde».

In questo marasma, i regolatori, soprattutto europei, hanno deciso di insistere nel cercare di premiare chi investe nella decarbonizzazione, ma con criteri molto più severi. La BCE ha dichiarato che sta valutando l'ipotesi di legare i requisiti minimi di capitale che le banche dovranno avere a quanto sono verdi i loro impieghi, ovvero i loro prestiti e investimenti. Questo perché una banca più verde dovrebbe essere meno rischiosa. Per una banca, avere meno bisogno di capitale è un incentivo importante perché migliora la sua redditività, le permette di crescere in modo più aggressivo e le evita di correre ai ripari con costose cure dimagranti e pesanti ricapitalizzazioni se il suo business ha dei problemi.

La realtà è che le banche che indicano in maniera robusta quanto i loro finanziamenti alle imprese riducano effettivamente la CO_2 sono pochissime. La maggioranza preferisce comunicare dati su «finanziamenti a imprese sostenibili», che sono finanziamenti non a progetti specifici di decarbonizzazione ma a imprese considerate virtuose in base a criteri ESG spesso totalmente soggettivi. E anche quando le valutazioni sono fatte da istituzioni autorevoli come S&P, il fatto che non vengano applicati standard rigorosi e obiettivi sulla S e su una parte della E (per esempio, sulla riduzione della biodiversità) fa perdere credibilità, perché si rischia di dare un punteggio alto a un'impresa che ha più donne nei consigli di amministrazione, ma magari appesta l'atmosfera di gas serra.

Anche quando le banche cercano di focalizzarsi sulla decarbonizzazione il *greenwashing* abbonda, perché nella maggioranza dei casi non riescono a misurare l'impatto del loro finanziamento sulla riduzione della CO_2 del portafoglio delle aziende a cui fanno credito. Spesso non conoscono neanche il livello di partenza delle emissioni (il cosiddetto *carbon footprint*), in parte perché solo le aziende più grandi conoscono la quantità di CO_2 che emettono. Le banche più credibili pubblicano la suddivisione dei loro finanziamenti nei singoli settori industriali, in particolare quello energetico, e stimano le emissioni di molti dei loro clienti sulla base della media del settore cui appartengono.

La vera sfida per le banche con l'ambizione di essere davvero verdi come BNP non è smettere di finanziare un'impresa che usa combustibili fossili, ma finanziare chi investe per ridurre le emissioni di CO_2. L'ENI emette più CO_2 di qualunque altra impresa italiana, ma sta investendo pesantemente in fonti rinnovabili e in distributori con colonnine per auto elettriche, e questi investimenti meritano di essere finanziati.

C'è poi un altro sofisticato tipo di *greenwashing* adottato dalle banche. Visto che i punteggi ESG si riferiscono alle emissioni delle aziende finanziate dalle banche, quale modo migliore per essere dichiarati virtuosi che finanziare settori come il farmaceutico, che emette pochissima CO_2 e che comunque ha un ruolo sociale? È esattamente quello che succede, ma questa scelta non finanzia certo la riduzione delle emissioni. L'unico modo per evitare il *greenwashing* è finanziare non tanto le imprese che emettono poco, ma progetti specifici di decarbonizzazione, cosa che avviene solo in pochissimi casi.

Anche la Securities and Exchange Commission (SEC), l'ente federale statunitense preposto alla vigilanza delle borse valori, ha deciso di mettere sotto stretto controllo il *greenwashing* di imprese e fondi di investimento, per esempio richiedendo che almeno l'80% del valore degli investimenti di un fondo che si dichiara «verde» sia effettivamente tale.

Gli scettici vedono le iniziative sul sociale e sull'ambiente solo come una ricerca di pubblicità da parte delle imprese. Lo dichiarano i loro stessi vertici, affermando che la principale ragione per cui investono in programmi di sostenibilità sociale e ambientale è il miglioramento d'immagine che ne deriva nei confronti dei consumatori, per le aziende di largo consumo, e degli investitori istituzionali degli asset manager.

I critici del *greenwashing* diventano sempre più aggressivi. Il motivo va forse rintracciato nell'atteggiamento di superiorità morale a volte ostentato dai sostenitori dell'ESG, che non solo si limitano a vantare le credenziali ambientali e sociali delle proprie aziende, ma supportano associazioni e movimenti che puntano a fare di tali comportamenti uno standard di mercato, di fatto imponendoli a tutti. E questa è una delle ragioni per cui la critica si estende oltre il mondo della finanza.

Green e social washing: le ipocrisie degli evangelisti della sostenibilità

Le imprese che dicono di fare del bene all'umanità dimostrandolo con metriche e iniziative fasulle sono sempre più spesso accusate di ipocrisia. In particolare, lo sono quelle che cercano metriche autorevoli concepite con metodologie di calcolo pensate dai migliori accademici, come lo *shared value* di Michael Porter. La Nestlé, che sullo *shared value* ha basato un'importante campagna pubblicitaria, è stata accusata dal «Guardian» di assorbire l'acqua della California 25 volte più di quanto ne avrebbe diritto, in momenti di siccità. Come se non bastasse, Greenpeace considera l'azienda uno dei peggiori inquinatori per l'uso di bottiglie di plastica, mentre Oxfam la critica per le condizioni di lavoro e le pratiche di acquisto lungo la sua *supply chain* del cacao.

Unilever, da sempre molto attenta all'inclusione femminile, è stata tacciata di ipocrisia proprio su questo tema. L'azienda sostiene di essere un «campione dell'inclusione e di sviluppare prodotti specifici per le donne afroamericane». Da anni porta avanti una partnership con UN Women, l'ente delle Nazioni Unite che promuove l'eguaglianza di genere, a cui fa generose donazioni, e per questo l'economista di Harvard Rebecca Henderson, nel suo *Reimagining Capitalism in a World on Fire* (*Nel mondo che brucia. Ripensare il capitalismo per la sopravvivenza del pianeta*), l'ha indicata come «eroina dello *shared value*», raccontando che «ha condiviso parte del valore creato nella catena del valore del tè Lipton con mezzo milione di piccoli contadini, in maggioranza donne, che raccolgono le foglie di tè in posti lontani come il Kenya». Henderson spiega come, nel 2006, Michiel Leijnse, nuovo brand manager di Lipton, decidesse di impegnare Unilever ad acquistare per il 100% tè sostenibile, ovvero coltivato in piantagioni dove venivano rispettati i lavoratori e l'ambiente, essenzialmente investendo in maniera considerevole nella formazione di mezzo milione di lavoratori e nella certificazione di sostenibilità delle pratiche di raccolta e lavorazione del tè. Lipton si impegnò a utilizzare solo legno di Eucalyptus e pochissimi concimi chimici e pesticidi, e a investire in una piantagione a Kericho (Kenya) per renderla una piantagione modello, totalmente sostenibile e ad alta resa. L'aumento di costi sarebbe stato compensato dall'aumento di prezzi e delle vendite del marchio Lipton presso i consumatori attenti al sociale.

I risultati furono apparentemente eccellenti, la resa della raccolta aumentò enormemente, i prezzi tennero e Lipton aumentò anche la sua quota di mercato. Henderson conclude dicendo che l'idea ha «migliorato la salute di centinaia di migliaia di lavoratori delle piantagioni», oltre a migliorare la qualità del tè e l'ecosistema ambientale.

Purtroppo per Unilever e per Henderson, la BBC, la stampa keniota e, successivamente, Vivek Ramaswamy nel suo *Woke, Inc.* hanno dato una versione diversa dei fatti. Nel 2016 Unilever è stata denunciata dalle lavoratrici della sua piantagione modello in Kenya che la accusavano di non averle protette nel 2007 da uno stupro di massa commesso anche da colleghi lavoratori maschi. Quelle lavoratrici appartenevano a un'etnia minoritaria che era stata vittima di rappresaglie in occasione delle elezioni nella zona in cui si trovava la piantagione. La magistratura del Regno Unito ha poi dato ragione a Unilever, che sosteneva di non essere responsabile di ciò che avveniva nella piantagione, ma la sua immagine ne è risultata parecchio incrinata. Nel 2023 l'azienda si è dichiarata «profondamente colpita dal servizio della BBC sulla violenza sessuale nelle sue ex piantagioni» e da quel momento ha focalizzato la comunicazione sull'impegno per la sicurezza delle donne e la condanna della violenza di genere.

Un altro tema che alimenta le accuse di ipocrisia è dato dalle strategie di inclusione sociale promosse dalle imprese, soprattutto americane, nei confronti delle minoranze (soprattutto afro e latinoamericani) e nella riduzione del *gender gap*. Queste strategie sono particolarmente criticate quando si concentrano sull'adesione e sulla comunicazione di slogan e principi ai lavoratori dell'impresa senza che seguano altre azioni più concrete. Da Apple a Uber, molte imprese hanno solidarizzato con il movimento Black Lives Matter, e aziende come Coca-Cola hanno lanciato un programma di formazione per insegnare al proprio personale a essere «meno bianco» e che «essere meno bianchi significa essere meno oppressivi».

Eppure i fatti non sembrano confermare le parole e aprono autostrade per le accuse di ipocrisia. Una recente indagine della ricercatrice israeliana Alexandra Kalev e del docente americano Frank Dobbin ha dimostrato che questi programmi sono in gran parte falliti. I due docenti hanno analizzato trent'anni di dati raccolti in 800 imprese americane che hanno varato programmi di inclusione basati su test di selezione e formazione del personale sul tema della diversità, e i risultati dimostrano che il numero di dirigenti appartenenti a minoranze e all'universo femminile non sono aumentati, anzi, in diversi casi sono addirittura diminuiti.

L'ipocrisia si legge anche quando le imprese riconoscono un problema sociale o ambientale nel quale sono coinvolte, ma poi ne attribuiscono la colpa ad altri per tenere l'attenzione lontana dalle proprie magagne. Un esempio è Coca-Cola, che ha lanciato un'iniziativa cosiddetta Science Based per dire che l'obesità è tutta colpa della mancanza di esercizio fisico.

Altri esempi di *socialwashing* abbondano nei resoconti dei progressi relativi alle cosiddette «quote rosa», e hanno generato l'espressione *pinkwashing*. Le aziende misurano la crescita della presenza femminile nei ruoli di responsabilità, tipicamente definiti come quelli a diretto riporto del capo azienda o posti al livello immediatamente inferiore, ma sono molto meno esplicite nel dichiarare quanto questi ruoli siano davvero importanti. E quanto siano pagati. Posizioni come il direttore commerciale, il *chief financial officer* o il capo divisione sono generalmente molto più pagate, e molto più utili per fare il salto di carriera, di altre posizioni di primo livello, come l'audit o la responsabile della stessa sostenibilità. La presenza femminile in queste ultime è invariabilmente più alta, mentre nei ruoli aziendali (anche di molte istituzioni pubbliche, come le università) scende progressivamente quanto più aumentano il potere, lo stipendio e il prestigio del ruolo. Dopo la grande accelerazione degli ultimi dieci anni, oggi il progresso verso la piena parità di genere procede più lentamente, per due motivi: da un lato, le aziende sono oggettivamente limitate nella velocità con cui possono aumentare il numero di donne nei loro quadri di vertice dal fatto che anche i livelli immediatamente inferiori a quelli top sono (anche se in misura leggermente inferiore) abbastanza poveri di donne che possano concorrere alla promozione; dall'altro, è mancata finora una vera spinta di business. L'importante, finora, è stato non essere peggiori di altri, adeguarsi alle regole quando ci sono. Nonostante tutti si riempiano la bocca su quanto la diversità crei valore, nessuno ci ha mai veramente guadagnato in modo dimostrabile. Le ricerche che sperano di correlare la creazione di valore di un'azienda con il numero di donne nei consigli di amministrazione non ci riescono affatto. Gli scettici (maschi e anche femmine) della sostenibilità e dell'ESG non ci credono, e vedono le quote rosa come una regola burocratica.

Le contraddizioni e le ipocrisie delle imprese che si dichiarano sostenibili non potevano che generare una reazione, in particolare in Europa, dove Stati, enti governativi e comunitari, e regolatori indipendenti sono più ansiosi di dimostrare le loro credenziali ambientali e la loro attenzione ai problemi sociali. La reazione, però, ha prodotto essa stessa conseguenze problematiche per la reputazione degli standard ESG.

Tutto è iniziato quando, per mettere a freno il *greenwashing*, le autorità europee hanno lanciato un poderoso sforzo di classificazione delle attività economiche per stabilire cosa è verde e cosa non lo è. Questo sforzo prende il nome di «tassonomia» ed è alla base delle attuali (e probabilmente anche future) regolamentazioni dell'Autorità bancaria europea (European Banking Authority, EBA) che ha deciso di misurare il Green Asset Ratio (GAR), ovvero il rapporto tra i prestiti e gli investimenti classificati come verdi e il totale degli attivi delle banche europee (pur dichiarando molti limiti sui dati e sulle definizioni). Da un primo calcolo effettuato su 29 banche, è risultato che solo il 7,8% dei loro crediti sarebbe definibile verde, contraddicendo le dichiarazioni magniloquenti delle banche campionesse dell'ESG.

Da qui è partito un grande impegno normativo per fermare il *greenwashing*, che però sta già alimentando un secondo tipo di critiche.

L'esplosione della burocrazia

In Europa l'ondata crescente di rigetto è dovuta soprattutto all'esplosione di adempimenti burocratici che vengono richiesti alle aziende, che nasce nel mondo della finanza e delle grandi imprese ma si estende rapidamente anche a quelle più piccole. I regolatori europei non sanno più che pesci pigliare e ogni giorno nasce una nuova sigla e una nuova norma che rappresenta un ulteriore impegno di *compliance* per banche e gestori di patrimoni. E ovviamente anche per le realtà che vengono finanziate da queste istituzioni.

Basta scorrere la lista di sigle a livello globale ed europeo di regolatori, controllori, certificatori, fonti di linee guida su Net Zero e fornitori di dati su dinamiche settoriali e macroeconomiche per avere un'idea della confusione di regole che si sta creando: BCBS (Basel Committee on Banking Supervision), ECB (European Central Bank), EBA (European Banking Authority), ISSB, EFRAG e GRI (organismi di definizione degli standard di rendicontazione), TCFD/TNFD (task force per la rendicontazione climatica e naturale), NFRD, CSRD e SFDR (direttive europee per il reporting non finanziario e di sostenibilità), GFANZ (Alleanza finanziaria per il Net Zero di Glasgow), NZBA (Alleanza Bancaria per il Net Zero), IICGG (gruppo di investitori sul cambiamento climatico), SBTI (iniziativa per l'assunzione di obiettivi climatici *science-based*), solo per citare gli esempi più rilevanti.

Una giungla di linee guida, metriche da calcolare, stress test, framework per il rischio, standard di comunicazione qualitativi e quantitativi. Per chi è al corrente di quanto siano importanti per una banca i processi di «compliance sui rischi», non è una scoperta che gli istituti di credito siano assoggettati a questa esplosione di conteggi. Dopotutto il riscaldamento globale è solo un rischio in più che si aggiunge ai molteplici altri che una banca già deve tenere sotto controllo, come quello del riciclo del denaro sporco, o dei troppi crediti nei confronti di debitori inaffidabili, o di essere esposta agli attacchi cyber ai suoi sistemi informatici.

Il problema smette di essere solo delle banche quando queste ultime devono rivolgersi ai loro clienti per ottenere i dati di cui hanno bisogno. Perché mentre le valutazioni di rischio tradizionali si basano su informazioni finanziarie che le aziende già producono per conto proprio, come i bilanci, e che devono solo girare alle banche che le richiedono, le nuove direttive le obbligano a produrre altre informazioni. Quanta CO_2 emette il nuovo impianto di riscaldamento? Che mezzi di trasporto usano i dipendenti per recarsi al lavoro? Quanto emettono i loro clienti? E i loro fornitori? La CSRD e il GRI regolano in dettaglio le informazioni che devono essere fornite dalle grandi aziende, ma queste, per completarle, devono fare le stesse domande ai loro fornitori, e di conseguenza la complessità si estende dalle grandi aziende alle piccole.

Esplodono le metodologie. C'è chi cerca di misurare le emissioni di CO_2 e la loro riduzione, e chi la «temperatura» del portafoglio finanziato traducendo le emissioni in temperatura di riscaldamento globale a fronte dell'obiettivo di +1,5 °C. La redazione del bilancio di sostenibilità – un tempo considerato perlopiù un esercizio di pubbliche relazioni – sta diventando fonte di veri grattacapi. Non si tratta solo di riempire carte, formulari e *box ticking*. Il tempo dei manager (soprattutto nella finanza, ma non solo) dedicato alla *compliance* ESG è letteralmente esploso perché ci sono regole nuove praticamente ogni giorno e tutti ammettono apertamente che le regole emesse sono provvisorie.

E dal 2024 andrà peggio. La CSRD obbligherà le imprese a dichiarare i loro obiettivi sul clima: quelle che assumeranno impegni considerati insufficienti per l'ambiziosissimo obiettivo +1,5 °C saranno attaccate, mentre quelle che ne assumeranno di più ambiziosi ancora rischiano di mancarli e attirarsi critiche. Anche perché le imprese che assumono solo obiettivi a lungo termine sono altrettanto attaccate: nel 2023, l'organizzazione non governativa ReCommon ha fatto causa all'ENI e ai suoi azionisti pubblici sostenendo che il loro obiettivo di raggiungere le emissioni nette al 2050 non era allineato con i piani di breve termine dell'azienda.

Anche la G di ESG è fortemente influenzata dalla gestione delle problematiche di sostenibilità. I consigli di amministrazione delle banche devono assicurarsi che ci sia un comitato apposito del board che si incontra regolarmente anche con i manager, e un gran numero di dirigenti e impiegati è coinvolto nelle conferenze che ricordano come le banche debbano preoccuparsi non solo dei loro clienti, ma anche dell'ambiente e della società.

Le critiche alle aziende giudicate poco sostenibili generano un effetto perverso nei consigli di amministrazione e nei comitati che guidano banche e imprese: si preoccupano molto di più di evitare le critiche, spesso formali e speciose, che di intraprendere azioni davvero incisive per gli obiettivi di sostenibilità che pure dichiarano essere di fondamentale importanza per loro. Quello che gli inglesi chiamano *box ticking*, l'equivalente italiano di «fare il proprio compitino».

Questa valanga di critiche è tutt'altro che inattesa. «Chi non fa non sbaglia» dice il proverbio, ed era evidente sin dall'inizio che un programma di trasformazione epocale dell'economia mondiale come quello necessario a contrastare il cambiamento climatico non poteva non andare incontro a errori, strumentalizzazioni, decisioni sbagliate e costi significativi. Gli 8 miliardi di dollari denunciati dall'organizzazione no-profit The Conference Board come costi del reporting di sostenibilità rappresentano lo 0,5 per mille del fatturato delle prime 500 aziende del mondo. Un prezzo davvero modesto da pagare nel tentativo di fermare un disastro globale.

Ma la critica più profonda alle logiche ESG non è di aver commesso errori o di avere dato spazio ai furbi e ipocriti che hanno approfittato dell'ingenuità di clienti, azionisti e regolatori pubblici per farsi belli con poco sforzo o addirittura raccontando falsità. La critica più profonda è di aver definito obiettivi totalmente sbagliati.

4
Le ragioni di fondo degli scettici, che però non hanno la soluzione

Le critiche sono fondate perché due pilastri dell'ESG, finanza «verde» e stakeholder capitalism, sono pieni di ipocrisie e velleitarismo. Ma non hanno la soluzione per il clima, e alimentano il nuovo negazionismo

L'ESG e la sostenibilità sono bersagliati da una valanga di critiche: ipocrisia, velleitarismo, motivazioni politiche spacciate per regole di buona gestione aziendale, burocrazia.

I sostenitori dell'ESG non negano questi aspetti, ma li derubricano a «problemi adolescenziali» di un movimento giovane, alle prime armi, ma con un grande futuro. È inevitabile, sostengono, che qualcuno cerchi di approfittare di un cambiamento epocale come la transizione ecologica per spacciare vuoti slogan per azioni concrete, ingannando clienti e azionisti. Così come avvenne durante la bolla internet, piena di dotcom fasulle. Ma internet non era fasullo, ed è rimasto.

Anche per limitare questi eccessi si sta cercando di

mettere un po' d'ordine. I rimedi sembrano peggiori del male? Ci stiamo lavorando. La tassonomia non funziona? La miglioreremo.

Ma ci sono due critiche più profonde che attaccano due pilastri della dottrina ESG e ne rivelano le contraddizioni: l'idea di finanza sostenibile (che non si applica solo alle banche e alle istituzioni finanziarie, ma a chiunque investa in un'azienda, in un titolo o in un immobile) e lo *stakeholder capitalism*. La logica delle critiche a questi due pilastri dimostra come molto di ciò che le aziende e i loro finanziatori e regolatori fanno, o cercano di fare, con l'ESG sia sbagliato non solo nel *come* viene fatto, ma anche nelle sue *motivazioni di fondo*.

Le giuste critiche all'ESG, tuttavia, lasciano aperto il drammatico problema della crisi climatica, per la quale gli scettici della sostenibilità propongono esclusivamente l'intervento dello Stato che però, da solo, è destinato a fallire.

L'illusione della finanza verde

Nel racconto dei sostenitori dell'ESG, la transizione energetica è in gran parte nelle mani della finanza verde, che si è posizionata come motore della transizione energetica. Sono esplose le alleanze per salvare il pianeta, strette da banche che finanziano le imprese con i prestiti, o da fondi di investimento che, guidati dalle metriche ESG, investono nei titoli delle imprese quotate più virtuose.

In questa logica, la finanza diventa l'esecutore della politica di decarbonizzazione. Se le banche non finanzieranno più gli impianti a carbone e, al contrario, concederanno più prestiti agli investimenti in fonti rinnovabili, la transizione avverrà più velocemente. Se gli asset manager smetteranno di investire nelle imprese automobilistiche in ritardo sulla transizione, la mobilità elettrica si realizzerà prima. Se le banche non concederanno più mutui a chi non prevede di installare pompe di calore nelle abitazioni, la decarbonizzazione del riscaldamento domestico diverrà una realtà. Queste sono le aspettative del mondo della finanza e, soprattutto, della politica.

Eppure, mentre scriviamo, questa mobilitazione, avviata pochi anni fa, sembra si stia già esaurendo. In particolare, i gestori di patrimonio americani hanno registrato un rallentamento della crescita esplosiva già nel 2022, e nel 2023 le masse di risparmio verde si sono ridotte.

Gli scettici che ritengono che la regolamentazione della finanza non servirà a creare incentivi significativi per la decarbonizzazione hanno tutte le ragioni. Molti evangelisti della sostenibilità che sperano nella finanza verde commettono un errore di fondo: ritengono che sia sufficiente che le banche scelgano di finanziare le rinnovabili anziché il carbone, perché la transizione energetica possa decollare. Nei convegni finanziari sulla sostenibilità si sente parlare spesso di «abbassare il costo del capitale»: se una banca fa pagare interessi più bassi a un finanziamento in energia rinnovabile, lo rende più conveniente di quello in energia fossile. Purtroppo, però, lo spazio di manovra a disposizione di una banca nel finanziare un investimento senza perderci è molto limitato. Le banche prendono loro stesse a prestito i fondi che usano per finanziare le imprese, e su quei fondi devono pagare gli interessi. Devono poi coprire il rischio che l'impresa fallisca e non ripaghi il debito. Quello che rimane, tolti i costi di gestione, è il profitto. Nella maggioranza dei casi parliamo di cifre inferiori all'1% all'anno sul valore del prestito. Per grandi progetti, in cui c'è più concorrenza tra le banche, i margini sono ancora inferiori. Questo non significa, ovviamente, che le banche guadagnino poco, perché realizzano i loro margini su una grande quantità di prestiti, a cui sommano altre fonti di reddito, come le commissioni sulle operazioni allo sportello, sulla gestione dei patrimoni dei clienti e sulle operazioni finanziarie.

Con questo tipo di margini, non c'è verso di compensare il cosiddetto *green premium*, l'extra costo delle soluzioni *green* rispetto a quelle più inquinanti. Uno sconto appena percepibile per il progetto diventa insostenibile per le banche, per cui o il progetto virtuoso è già redditizio di suo (e allora c'è la fila delle banche pronte a partecipare al finanziamento), oppure il progetto non si può finanziare.

L'unica cosa che può compensare il *green premium* non è uno sconto sul costo del denaro ma i sussidi decisi dagli Stati o una rivoluzione tecnologica sui costi. In molti Paesi, nelle energie rinnovabili c'è stata una combinazione di entrambe le cose. L'Europa fa pagare le emissioni ai produttori di energia fossile e gli Stati Uniti concedono sconti fiscali ai produttori delle rinnovabili. Ed entrambi beneficiano delle massicce riduzioni di costo nelle tecnologie dell'energia eolica e soprattutto dell'energia solare degli ultimi anni. In questi Paesi, non a caso, i progetti nelle energie rinnovabili possono contare su numerose banche disposte a finanziarli.

Questa confusione sul ruolo delle banche non vale solo per l'erogazione di sussidi, ma anche per il secondo ruolo degli Stati nella transizione energetica, quello normativo di porre dei veti nei confronti delle tecnologie ad alte emissioni, come per esempio il blocco previsto per le auto benzina e diesel in Europa per il 2035. Non esistono finanziamenti a tassi agevolati agli investimenti delle colonnine di ricarica che possano sostituirsi alla regolamentazione europea che punta a vietare l'auto a combustione.

L'illusione della finanza verde è alimentata dai regolatori finanziari che vedono l'opportunità di accrescere il loro potere e i loro meriti per salvare il pianeta. È alimentata dalle banche, dagli asset manager e dalle istituzioni finanziarie che vedono in questa grande confusione l'opportunità di essere protagonisti della transizione energetica, di fare *greenwashing* a go-go e raccogliere ricche commissioni nell'asset management dei fondi verdi. E infine è alimentata dagli Stati che sperano di fare le nozze con i fichi secchi spendendo poco (soprattutto l'Unione Europea) in sussidi alla transizione energetica interna, e quasi niente per quella dei Paesi poveri.

Un discorso simile vale per i fondi che investono nel capitale delle imprese. Che sia *green* o meno, per attirare gli investimenti degli azionisti un'impresa deve guadagnare oggi o promettere di farlo in futuro. Quelle che lo fanno investendo in tecnologie verdi hanno già la fila di investitori, molto più di quelle che dipendono dai combustibili fossili. Ma non perché i loro investitori siano particolarmente sensibili al tema, ma perché si ritiene che gli investimenti verdi aumenteranno e queste imprese cresceranno più delle altre.

La grande maggioranza degli investimenti finanziari nel settore *green* insegue, come sempre, il profitto.

Molti degli evangelisti dell'ESG Investing, come Rebecca Henderson, riconoscono questa difficoltà dei fondi *green* a fare davvero la differenza e suggeriscono una soluzione, i già citati *impact funds*: una nuova realtà dei fondi *private equity* focalizzati sul cosiddetto «impatto» (soprattutto sociale). Questi fondi andrebbero alla ricerca di investitori disposti a rinunciare a qualche punto di rendimento pur di investire in cause meritevoli.

Tuttavia questi fondi a impatto non vanno mai dagli investitori minacciando di farli guadagnare poco per il bene del pianeta o dell'umanità. Promettono ritorni più o meno «allineati al mercato», con un extra beneficio per l'impatto. In questo non sono molto diversi dai fondi del *venture capital* tradizionale che promettono ai loro investitori ritorni superiori a quelli del mercato. Sono infatti dei gestori di *venture capital* e *private equity* focalizzati su startup e imprese della sostenibilità, che utilizzano (o fanno credere agli investitori di utilizzare) gli stessi vantaggi che i loro colleghi di successo del *venture capital* tradizionale – come Sequoia, Andreessen Horowitz e Kleiner Perkins – mettono in gioco per scegliere e finanziare le startup migliori. Il settore del *venture capital*, infatti, è da sempre caratterizzato da una limitata trasparenza sui ritorni offerti agli investitori, e diverse ricerche hanno dimostrato che i gestori più capaci riescono a fare meglio della media degli altri anno dopo anno, a differenza di ciò che avviene con chi investe in aziende quotate in borsa, in cui la trasparenza è elevatissima e nessuno riesce, alla lunga, a battere il mercato. Il rovescio della medaglia, naturalmente, è che queste «stelle» dell'impatto, analogamente alle «stelle» della redditività, sono per definizione poche, e anche i più ottimisti tra i loro sostenitori (come Roger Cohen) valutano il potenziale del loro mercato mondiale in un massimo di un triliardo di dollari di fondi. Troppo poco rispetto alle decine di triliardi necessari per finanziare la transizione energetica del pianeta.

Alla fin fine, liberarsi dell'illusione della finanza verde vuol dire riconoscere che la sfida della crisi climatica rappresenta da un punto di vista finanziario solamente una nuova opportunità (per le imprese *green*) o un nuovo rischio (per quelle lente a reagire) nel business della finanza, che, con le poche eccezioni di alcune banche pubbliche, è rimasto lo stesso da sempre: raccogliere denaro e prestarlo, per creare valore per i propri azionisti.

La bolla dell'ESG Investing si sta sgonfiando rapidamente. I fondi passivi, che investono nel paniere di imprese di un mercato o di un settore senza scegliere tra quelle migliori (come, per esempio, gli ETF indicizzati su una o più borse in giro per il mondo), potranno fare ben poco per distinguersi nel salvare il pianeta. Per il loro successo continueranno a essere fondamentali le economie di scala. E BlackRock, che ha una massa di 10 triliardi di dollari in gestione, ha sicuramente un vantaggio, non perché ha risultati ESG migliori.

La vera sfida della finanza sarà sui fondi «attivi». I migliori saranno quelli che capiranno le imprese che faranno della transizione energetica un'opportunità, non quelle con i migliori punteggi ESG. Warren Buffett, il leggendario investitore di Berkshire Hathaway detto «il saggio di Omaha», è un grande critico dell'ESG, ma un attento investitore nella transizione climatica: non ha investito in Tesla perché lo considerava troppo rischioso, ma ha poi investito in BYD, il leader cinese delle automobili elettriche, e ha già fatto ottimi ritorni. Ha anche investito 30 miliardi di dollari in energie rinnovabili, sia in progetti sia in imprese energetiche in cui è azionista.

La finanza verde può essere una grande opportunità, ma per i finanzieri che sapranno sfruttarla, più che per il pianeta. Per quest'ultimo, come racconteremo in seguito, ci vuole altro.

L'ambiguità dello stakeholder capitalism

Se la finanza verde non avrà mai, da sola, la forza di guidare gli investimenti in una direzione diversa da quella in cui vengono spinti dalle forze del mercato, che dire dello sforzo collettivo di tutte le imprese? I sostenitori dello *stakeholder capitalism* sperano che la gravità della crisi climatica e la pressione della società possano far aprire gli occhi a tutte le aziende sul fatto che puntare solo a far guadagnare i loro azionisti è una strategia senza futuro. Secondo loro le aziende non solo devono rinunciare a parte dei profitti, ma trasformarsi in attivisti del clima, misurando le emissioni non solo proprie, ma anche dei loro fornitori e clienti, per i quali le grandi aziende si devono impegnare a fare in modo che emettano meno.

Se la finanza non basta, può riuscirci un cambiamento radicale nella logica con cui operano le imprese, che devono iniziare a pensare al bene dei loro *stakeholder* anche più di quanto lo facciano loro stessi. In merito non solo al clima, ma al progresso dell'intera società.

È questa l'altra grande illusione di chi pensa che un nuovo capitalismo possa salvare il pianeta. Chi postula queste teorie, pur sostenendo che fare l'interesse del pianeta e della società sia in realtà l'unico modo con cui il management delle aziende possa fare gli interessi degli azionisti nel lungo termine, ammicca a chi sostiene che le aziende facciano in realtà troppi profitti, e che agli interessi degli azionisti debbano pensarci fino a un certo punto. Ma il management o il consiglio di amministrazione non possono pensare agli azionisti a corrente alternata, perché esiste un rapporto fiduciario tra questi ultimi e il management che riceve i loro risparmi e investimenti, e ha l'obbligo (anche legale) di preservarli e accrescerli. L'ambiguità è poi ancora più palese in coloro che sostengono che i profitti e la creazione di valore per l'azionista devono contare di meno e poi cercano di dimostrare in tutti i modi che seguire la logica ESG conviene, perché le imprese che lo adottano creano valore per gli azionisti.

Il concetto di *stakeholder capitalism* è stato in realtà oggetto di numerosi studi e dibattiti, molti dei quali animati dall'ottima intenzione di aiutare davvero le aziende a navigare un ambiente di business sempre più complesso e con un numero crescente di soggetti, tra clienti, fornitori, dipendenti, regolatori indipendenti, politici, media e attivisti vari che ne influenzano le decisioni. Il lavoro scientifico fondamentale su questo tema è del 1995, *The Stakeholder Theory of the Corporation: Concepts, Evidence, Implications* di Thomas Donaldson e Lee E. Preston, e definisce tre approcci principali che le imprese possono avere nella gestione di questi soggetti. Il primo è quello «descrittivo», che mira a comprendere i complessi rapporti tra le imprese e i suoi *stakeholder*, e che ha avuto storicamente il merito di sollevare l'attenzione delle aziende su questi soggetti, oggi in effetti imprescindibili in qualunque discussione sulle strategie d'impresa. Il secondo è quello «strumentale», che ritiene che preoccuparsi degli *stakeholder* sia utile e necessario per ragioni economiche. Questa idea è alla base del concetto che seguire le logiche ESG converrebbe agli azionisti, e in effetti non c'è nulla di sbagliato nell'idea in sé, che è una diretta conseguenza del fatto che gli *stakeholder* sono importanti, e che stabilisce una chiara gerarchia tra l'attenzione per gli azionisti (il cui interesse è il fine dell'impresa) e quella verso altri *stakeholder* (che rappresenta il mezzo con cui massimizzare i profitti). Semmai è da discutere, ed è oggi sempre più attaccata, l'idea che tutta l'attività ESG sia nell'interesse degli azionisti. Infine, dicono Donaldson e Preston, c'è un terzo approccio, quello normativo-morale, per cui il management dovrebbe preoccuparsi degli *stakeholder* per ragioni etiche. Questo, secondo noi, è il punto centrale dell'ambiguità, perché, ove le ragioni etiche conducano a decisioni diverse da quelle strumentali, il management, nel conformarsi a esse, tradirebbe il mandato ricevuto dagli azionisti.

È evidente che le ragioni etiche all'origine di questo «tradimento» non possono essere quelle che condannano atti veramente immorali o addirittura illegali, perché in questo caso le scelte etiche coinciderebbero con quelle economiche, almeno per una grande azienda di un Paese occidentale sottoposta al controllo continuo dei mercati. Non vogliamo neanche negare il fatto che in molti casi la ricerca del profitto a breve termine possa portare a decisioni chiaramente sbagliate sul piano etico che però, almeno all'inizio, vengono apprezzate dai mercati perché le loro conseguenze a lungo termine sull'azienda non sono percepite. Anche in questo caso, tuttavia, le ragioni dell'etica e quelle del valore degli azionisti (a lungo termine), o almeno di una prudente gestione dei rischi, coincidono.

Stiamo parlando di decisioni in cui la componente etica è più soggettiva, tanto che alcune persone, tra cui evidentemente i guru dell'ESG, ritengono un dovere morale per l'impresa fare certe cose, come per esempio pagare di più i lavoratori nei Paesi poveri, che non sono invece ritenute affatto fondamentali da altre, tra cui gli investitori. Il management che facesse propria una scelta etica di questo genere, a scapito dell'interesse, anche a lungo termine, degli azionisti, dovrebbe invocare una specie di «obiezione di coscienza», una motivazione etica che discende da rispettabili convinzioni personali, che non sono però un patrimonio comune della società. Ma gli obiettori di coscienza non fanno i generali dell'esercito e un management di questo tipo non può guidare un'azienda.

Risultano ambigui anche due concetti che sono divenuti veri e propri cavalli di battaglia dei paladini di un nuovo capitalismo: quello di *purpose*, l'obiettivo di essere utili alla società che le imprese di successo dovrebbero porsi, e quello del *contratto sociale*, che avrebbero implicitamente tutte le imprese con il resto della società.

Il *purpose* lascia perplessi, perché vuole presentare come una novità o addirittura una rivoluzione un'idea che ha sempre permeato tutte le attività economiche, anche prima della rivoluzione industriale: ovvero il fatto che le persone, da sole o in un'azienda, danno il meglio di sé quando non solo si pongono l'obiettivo di guadagnare denaro, ma puntano anche a fare qualcosa di utile. Tipicamente per i loro clienti, ma anche per i loro colleghi, soci d'affari e le loro comunità. Henry Ford voleva costruire un'auto a un costo che permettesse anche ai suoi operai di comprarne una; Google è nato nientemeno che per mettere a disposizione delle persone «tutta la conoscenza del mondo»; McKinsey ha la missione di far migliorare in modo sostanziale e duraturo i risultati dei suoi clienti. Tante aziende hanno una missione, spesso magniloquente, un tempo scritta su quadri alle pareti degli uffici e oggi nei loro siti internet, ma quelle che riescono a farne una parte integrante e viva del proprio operare quotidiano motivano i loro dipendenti, ne allineano i comportamenti alla strategia aziendale e in genere ottengono risultati migliori. Queste aziende hanno scoperto, e non certo da ora, che il *purpose* non è una qualità aggiuntiva al profitto, ma un mezzo essenziale per ottenerlo. Troppo spesso, invece, l'interpretazione che ne viene data dai manager e dai professionisti e consulenti impegnati sull'ESG è quella secondo cui l'azienda si ricordi di fare anche qualcosa di utile alla società, oltre che cercare di guadagnare. Come giustificare altrimenti le decine di obiettivi sull'ambiente, sul benessere dei dipendenti, sulla lotta alle diseguaglianze e alle discriminazioni e sulla trasparenza della governance? Questa interminabile lista di presunte priorità tutto può rappresentare tranne che un obiettivo unificante.

È qui che entra in gioco il secondo concetto, il contratto sociale, per cui l'aspirazione del *purpose* non è solo una scelta dell'azienda ma un obbligo che le viene imposto. Molti alfieri della sostenibilità affermano che le aziende hanno sottoscritto, che lo sappiano o meno, un contratto sociale col resto della società, per rispettare il quale devono fare la loro parte in cambio del diritto a guadagnare denaro per i loro azionisti. Uno dei pionieri di questa logica è stato il già citato Thomas Donaldson, oggi professore di etica del business alla prestigiosa Wharton School dell'Università della Pennsylvania, che già nel 1982 affermava la necessità di un contratto tra la società e l'azienda per dare un fondamento morale alla gestione di quest'ultima. L'idea, come afferma lo stesso Donaldson, si rifà alla logica del contratto sociale tra Stato e cittadini proposta tra diciassettesimo e diciottesimo secolo da filosofi come Locke e Rousseau, per sostenere che lo Stato ha il diritto di esistere solo se arreca ai suoi cittadini più vantaggi che costi. Questi ultimi, dal canto loro, hanno il diritto di ribellarsi se ciò non avviene.

Tuttavia, mentre il contratto sociale tra Stato e cittadini era un concetto liberale, che proteggeva la libertà delle persone da uno Stato oppressivo, quello tra azienda e società finisce, in pratica, per trasformare un'idea liberale in un concetto statalista. Perché questa nuova teoria afferma il diritto della società (in pratica, lo Stato) a negare il diritto di esistere a entità private (le aziende) se queste non rispettano non già le leggi, ma i principi di un non meglio specificato contratto. A giustificazione di questa teoria, i suoi sostenitori portano gli esempi di aziende che, nel corso della storia, hanno subito la giusta punizione per non aver rispettato quello che si ritiene essere il contratto sociale vigente. Solo che alcune di queste aziende erano titolari di veri e propri contratti con lo Stato, come sono le concessioni, dai *publicanes* dell'antica Roma alla Compagnia delle Indie nell'Inghilterra del diciassettesimo secolo, mentre altre semplicemente subivano la vendetta politica di uno Stato illiberale, come capitò ai Medici caduti in disgrazia.

Questa digressione sulle basi filosofiche dello *stakeholder capitalism* evidenzia un altro rischio, oltre a quello dell'ambiguità intellettuale, che corrono gli alfieri di queste teorie: essere accusati di negare i principi di libertà alla base dell'economia di mercato, e di trascinare così le aziende che vi fanno riferimento in un terreno politico minato. L'accusa lanciata dalla destra americana ai fautori della sostenibilità di essere *woke*, ovvero di voler rinnegare i principi liberali del capitalismo in favore di un'economia dirigista, appare tutt'altro che infondata, nonostante le apparentemente impeccabili credenziali liberali dell'Università di Harvard e dei suoi docenti più accreditati come guru della gestione d'azienda.

L'ipocrisia è in agguato anche nelle teorie di valore condiviso tra l'azienda e i suoi *stakeholder*, che propugnano l'idea di condividere parte dei profitti con la società. I sostenitori di questo concetto, mentre affermano che attraverso la condivisione del valore con la società le aziende aumentino i profitti nel lungo termine, equiparandola così a un investimento, dall'altra sembrano dar ragione a chi dice che le aziende al profitto degli azionisti ci pensano troppo e dovrebbero avere invece altri valori.

Tra velleitarismo, eccesso di burocrazia, assenza di vantaggi per gli azionisti e ambiguità ideologiche e politiche, gli scettici dell'ESG hanno molte buone ragioni. Ma per un problema epocale come la crisi climatica non hanno la soluzione.

Per gli scettici dell'ESG la soluzione alla crisi climatica non esiste

Quando si parla di emergenza climatica, la maggioranza dei critici dell'ESG tende a rinviare il problema o a trascurare il ruolo delle aziende. La soluzione per loro? Gli Stati e la politica.

Tariq Fancy, il grande critico del *greenwashing* della finanza, sostiene che «l'ottica a breve termine delle imprese non è compatibile con la necessità di programmazione a lungo termine della transizione climatica, e che per questo ci vuole solo l'intervento pubblico». Solleva però il dubbio se i sistemi democratici siano in grado di creare le premesse per un intervento pubblico coerente nel tempo, e alla fine constata che gli unici a riuscirci sono i regimi autocratici come la Cina, diventata leader mondiale nei settori dei pannelli solari e delle auto elettriche.

L'«Economist» propone un intervento di regolamentazione globale nella forma di una carbon tax, che allo stato attuale appare altrettanto velleitario del buonismo ESG. Ma sono in tanti a sperare, più o meno esplicitamente, che l'unica possibilità di salvare il clima del pianeta sia un intervento degli Stati, un accordo globale per cambiare le regole dell'economia e smettere così di emettere anidride carbonica come se non ci fosse un domani.

Ian Bremmer, noto politologo internazionale, scrive in *The Power of Crisis* che l'emergenza climatica è una crisi globale su cui potenze come gli Stati Uniti e la Cina debbono mettersi d'accordo dimenticando le numerose divergenze sul commercio internazionale e le tensioni sull'Ucraina e su Taiwan. Bremmer auspica la creazione di un «Green Marshall Plan» e di un'architettura simile all'Organizzazione mondiale del commercio per il clima: una «World Carbon Organization».

Un salto di qualità, nelle ambizioni e nel pragmatismo, degli accordi tra Stati per regolare le emissioni a livello globale è assolutamente necessario per affrontare il problema del dibattito tra Paesi ricchi, che hanno causato gran parte del problema fino a oggi e hanno i mezzi economici per cercare di fermarlo, e Paesi poveri, incolpevoli dei problemi passati, economicamente incapaci di sostenere i costi della transizione e responsabili di una quota crescente delle emissioni attuali. Chi deve pagare? I ricchi o i poveri? I produttori o i consumatori? I vecchi peccatori pentiti o i nuovi? Sono problemi che gli Stati devono affrontare anche se, come vedremo, qualche soluzione è già stata proposta.

Il punto essenziale, tuttavia, è che gli Stati, da soli, non possono farcela. È indispensabile il contributo di innovazione delle imprese. Eppure ci sono state crisi globali dell'ambiente e dell'economia affrontate con accordi internazionali che hanno coinvolto molti Stati e molte imprese. E, in questi casi, prima gli Stati hanno fatto le regole, poi le imprese si sono adeguate. Vengono subito in mente due casi: la crisi dell'ozono e la crisi bancaria del 2009.

La prima fu un enorme successo della scienza ambientale e della regolamentazione internazionale. Negli anni Settanta e Ottanta dello scorso secolo, gli scienziati scoprirono che i gas contenenti cloro e bromo, come i clorofluorocarburi (CFC), utilizzati in vari prodotti industriali e domestici (aerosol, prodotti per la refrigerazione e schiume), stavano danneggiando lo strato di ozono atmosferico, creando un vero e proprio buco sopra l'Antartide, con conseguenze preoccupanti per l'ambiente e la salute umana. Nel 1987 i leader mondiali si sono riuniti a Montréal e hanno firmato un protocollo globale che fissava le date per lo stop della produzione e dell'uso dei CFC. Le imprese che li utilizzavano si sono adeguate con sforzi di ricerca e sviluppo e di riconversione industriale a livello globale e oggi, grazie a questa collaborazione internazionale, il problema è risolto e si osservano segnali di recupero dell'ozono nell'atmosfera terrestre.

Anche la cooperazione internazionale per risolvere il problema della crisi degli istituti di credito del 2009, con il terzo accordo di Basilea per la regolamentazione bancaria, è stata un notevole successo. Le banche non erano certo felici di doversi adattare a regole complicate che in molti casi ne limitavano i profitti, ma hanno dovuto accettarle di fronte all'evidenza che a pagare per i loro rischi eccessivi erano i contribuenti.

Purtroppo, però, le emissioni di anidride carbonica sono un problema molto più complesso dell'ozono e molto più esteso di quello della crisi bancaria. Tocca tutti i settori dell'economia, i Paesi ricchi come quelli poveri, le aziende e i consumatori. Nel caso dell'ozono, le fonti che producevano le sostanze dannose erano molto più concentrate e facili da sostituire di quelle che emettono CO_2, così come molto più ristretti erano i loro utilizzatori (poche aziende chimiche e industriali, dislocate soprattutto in Europa e negli Stati Uniti), perciò è stato relativamente facile trovare sostituti degli CFC in poco tempo. La crisi bancaria ha avuto origine in un unico settore economico e ha toccato pochi Paesi, abbastanza simili tra loro, con solo due interessi contrapposti: i regolatori che proteggevano i contribuenti e le banche.

Ben altra cosa è la produzione di CO_2, che avviene ovunque nel mondo, che coinvolge mille attività e settori economici, e la cui eliminazione richiede enormi investimenti (che la maggioranza dei Paesi non può permettersi) e una transizione molto lunga. È necessario un gigantesco contributo di innovazione delle imprese che riduca i costi e trovi soluzioni accettabili per i consumatori, specie in quei settori – dal cemento agli impianti di riscaldamento nelle abitazioni – in cui ancora non si è capito quali soluzioni ci permetteranno di decarbonizzare nei tempi che il pianeta impone.

L'attuazione di un accordo globale in tal senso ha davanti a sé sfide enormi, sia politiche sia economiche, che non possono essere risolte (solo) da un grande accordo tra gli Stati, come sperano molti tra gli scettici dell'ESG. Per ironia della sorte, la stessa soluzione è invocata da chi si oppone alle imprese e al capitalismo. Molti attivisti pensano che solo lo Stato può imporre alle imprese di rispettare l'ambiente ed essere responsabili socialmente (e punirle se non lo fa), e gli evangelisti del nuovo capitalismo pensano che le imprese lo faranno se lo Stato impone normative di «bontà» attraverso l'ESG. Affidarsi a questa speranza porta a gravi rischi per il pianeta.

Fortunatamente, però, c'è un'altra soluzione e la racconteremo nel prossimo capitolo.

5

Un nuovo paradigma: il triangolo della sostenibilità

I primi successi contro la crisi climatica: imprese che innovano e sfruttano le opportunità del clima. Stati che creano incentivi intelligenti. Società civile e scienza alleate nel chiedere risposte. Un triangolo i cui lati interagiscono in modo nuovo verso l'obiettivo

La lotta al cambiamento climatico rappresenta una battaglia epocale che non può affatto dichiararsi vinta, ma che sul piano tecnologico e del consenso internazionale ha registrato progressi importantissimi. La dinamica con cui questi progressi sono stati raggiunti è altrettanto importante perché, se replicata, può portare l'umanità a mettere sotto controllo le emissioni e stabilizzare le temperature del pianeta. Questa dinamica rappresenta una terza via tra i nuovi negazionisti dell'emergenza climatica e gli attivisti del clima che vedono nelle imprese la fonte di tutti i mali, accusandole di pensare solo ai profitti e di essere ipocrite e *greenwasher* quando parlano di clima.

Abbiamo chiamato questa dinamica il «triangolo della sostenibilità», perché coinvolge tre vertici: le imprese, che innovano, investono e sviluppano nuovi prodotti; gli Stati, che forniscono incentivi, mettono fuori legge le attività più inquinanti e dettano le regole di nuovi mercati; e la società civile, che include la comunità scientifica, gli attivisti, i consumatori e gli elettori, che in ultima analisi dettano le politiche degli Stati. È un triangolo perché ciascuno dei suoi vertici, da solo, conta ben poco, e la sua capacità di affrontare e vincere una sfida globale – che è, allo stesso tempo, economica, tecnologica e culturale – nasce proprio dall'interazione tra i suoi tre vertici.

Questo paradigma è un grande cambiamento rispetto all'immobilismo della fine degli anni Novanta dello scorso secolo e dei primi anni Zero del nuovo millennio, nei quali imprese e società civile erano bloccate in uno sforzo contrapposto di lobby e divergenti pressioni verso lo Stato. Nel nuovo paradigma i tre vertici del triangolo interagiscono tra loro in modo completamente diverso, con una dinamica «a staffetta» in cui ciascun vertice ne spinge, a turno, un altro ad agire verso la soluzione della crisi.

Nel caso del clima, hanno cominciato gli scienziati e gli attivisti a porre il tema all'attenzione dell'agenda degli Stati i quali, a loro volta, hanno cominciato ad assumere impegni a lungo termine (prima con Kyoto, poi con Parigi) e a investire denaro pubblico nell'incentivare le tecnologie più promettenti (rinnovabili). Poi è toccato alle imprese, che hanno reso le rinnovabili competitive e le auto elettriche attraenti. Ora tocca di nuovo agli Stati accelerarne lo sviluppo.

Per capire come il triangolo ha operato, è utile ripercorrere le tappe che hanno condotto ai progressi nella lotta al riscaldamento globale.

La lotta all'emergenza in stallo all'inizio del nuovo secolo

Ci sono voluti cento anni, ma alla fine la scienza ha dimostrato che la causa del riscaldamento globale è l'eccessiva concentrazione di CO_2 nell'atmosfera per colpa delle emissioni di importanti settori dell'economia. Mentre la scienza consolidava le prove di questa teoria, alla fine del ventesimo secolo nasceva e si rafforzava il movimento ambientalista contro il riscaldamento globale. I primi a sollevare l'allarme lo hanno fatto diversi anni prima della nascita di Greta Thunberg: già nel 1988 l'astrofisico James Hansen aveva denunciato in maniera drammatica davanti al Congresso americano i rischi dell'emergenza climatica. L'ambientalismo anti-CO_2 è poi esploso nel nuovo secolo, grazie a un movimento vasto e articolato costituito da scienziati, organizzazioni non governative e attivisti mobilitati in iniziative come il Fridays for Future di Thunberg, abilissima nel catturare l'attenzione dei media per coinvolgere l'opinione pubblica.

In gran parte grazie a loro, nel nuovo secolo, gli Stati hanno fatto del cambiamento climatico una priorità di collaborazione globale. Dopo il Summit sulla Terra di Rio de Janeiro del giugno 1992, c'è stata la prima COP a Berlino nel 1995 e da quel momento gli Stati di tutto il mondo si sono posti il traguardo di limitare le emissioni di CO_2, negoziando tra loro gli obiettivi di riduzione. La trattativa è stata lunga e difficile, con alti e bassi. Dopo la COP3 di Kyoto del 1997, gli Stati Uniti si rifiutarono di ratificare l'atto che prevedeva che la riduzione delle emissioni fosse a carico solo dei Paesi sviluppati (USA ed Europa, che erano i responsabili di gran parte della CO_2 di origine umana nell'atmosfera) e il cosiddetto protocollo di Kyoto fu bocciato dal Congresso americano. Così si continuò con una serie di fallimenti (la COP15 di Copenaghen) o parziali successi (la COP16 di Cancún), perché mettere d'accordo 196 Paesi era immensamente difficile. Il primo successo significativo è coinciso con la COP21 di Parigi del 2015, dove si è raggiunto l'accordo di contenere l'aumento della temperatura del pianeta «ben al di sotto dei 2 °C», anche se non si è giunti a nessuna intesa su come finanziare la transizione e su quali azioni concrete intraprendere. Si è così arrivati alla COP28 di Dubai del 2023, dove, per la prima volta, i delegati hanno concordato formalmente la «transizione dai combustibili fossili», grazie alla pressione di un gruppo di Paesi forti che ha incluso anche la Cina, con gli Stati Uniti da qualche anno abbastanza allineati all'Europa, da sempre in prima linea nella lotta all'emergenza climatica. Il passo successivo è stato la fatidica conferma dell'impegno ad arrivare, entro il 2050, a «zero emissioni nette», ovvero con un volume totale di emissioni compensate da una pari quantità di gas catturato dall'atmosfera.

Intanto, nel corso di quasi trent'anni dalla prima COP, sono cambiati sia i poteri economici sia le emissioni: gli Stati Uniti, l'Europa e i Paesi dell'ex Unione Sovietica, che rappresentavano il 55% delle emissioni, sono scesi al 35%, mentre sono esplose quelle della Cina e dell'India, e cominciano ad aumentare quelle degli Stati africani. Qualcosa ha iniziato a succedere già a seguito dell'accordo di Kyoto, anche in quelle regioni del mondo dove non era stato ratificato, come negli Stati Uniti, dove i singoli Stati hanno cominciato a incentivare le energie rinnovabili. Soprattutto, però, le cose si sono mosse in Europa. Già dal 2005, l'Unione Europea obbligava le imprese dei settori industriali più inquinanti ad acquistare dei certificati di emissione per ogni tonnellata di anidride carbonica emessa, incentivando così le imprese a ridurre le proprie emissioni per non incorrere in costi troppi onerosi. A questo schema si sono aggiunti diversi incentivi nazionali, tra cui quelli particolarmente costosi a favore dell'energia solare introdotti, tra gli altri, da Germania, Spagna e Italia. Questo spiega perché oggi le fonti rinnovabili rappresentino in Europa già più del 30% della generazione di energia elettrica. Ed è stata sempre l'Europa il motore del movimento per ridurre il riscaldamento globale con gli accordi di Parigi, da cui gli Stati Uniti si sono ritirati nel 2020.

D'altra parte, le rinnovabili costruite con gli incentivi generavano costi in bolletta molto alti in diversi Paesi, tra cui l'Italia, e iniziavano a provocare anche delle reazioni negative, sfociate in qualche caso in vere e proprie retromarce, come quella del governo Renzi, che modificò retroattivamente gli incentivi dell'energia solare, danneggiando quegli investitori che avevano acquistato le autorizzazioni e i campi fotovoltaici a prezzi altissimi e che si sono trovati con il classico cerino in mano.

Gli scettici sulla rivoluzione verde potevano giustificare il loro pessimismo. Nonostante da vent'anni i potenti della Terra si riunissero per provare a salvare il pianeta, le emissioni globali continuavano a crescere. E, se l'Europa virtuosa procedeva in controtendenza, crescevano le sue frustrazioni nel constatare che ciò serviva a poco per fermare il riscaldamento globale, perché crescevano vertiginosamente le emissioni degli altri Paesi.

Il pianeta è così rimasto bloccato per quasi un ventennio da un vecchio paradigma di governo del clima, basato su una logica di rapporti bilaterali tra ciascuno Stato e le imprese che operavano nel suo territorio. La discussione sugli incentivi alle imprese era svolta dai regolatori abbastanza riservatamente ed era separata dai proclami a beneficio dei movimenti e dei partiti politici verdi, spesso nelle maggioranze di governo dei Paesi europei. Per esempio, non è troppo pubblicizzato il fatto che il costo delle energie rinnovabili nelle bollette elettriche in Paesi come l'Italia (ma anche in Germania) è pagato dalle imprese cosiddette «energivore» in misura minima rispetto agli altri consumatori di energia.

Anche i cittadini esercitavano il loro potere di influenza delle politiche ambientali da elettori, appoggiando o meno i partiti più sensibili a questi temi, generalmente in modo più incisivo di quanto facciano da consumatori, tra i quali la scelta di prodotti verdi come le auto elettriche rimane un fenomeno più circoscritto. Gli accademici, infine, erano ben distinti tra economisti e scienziati dell'ambiente che parlavano di regolamentazione agli Stati da un lato, e guru del management e della tecnologia che parlavano di modelli di business alle aziende dall'altro.

Questo vecchio paradigma generava un modello economico e sociale incapace di affrontare e risolvere i problemi di sostenibilità. Gli Stati, da soli, non potevano regolare lo sviluppo del mercato e della tecnologia in modo da limitarne le derive insostenibili (nel caso del clima, la crescita apparentemente inarrestabile delle emissioni di CO_2), mentre le aziende non trovavano un vantaggio economico immediatamente percepibile nella transizione a nuove tecnologie più sostenibili. Infine, i consumatori e l'opinione pubblica in generale, spontaneamente, non accettavano le tecnologie meno inquinanti (per esempio le auto elettriche, che esistevano da sempre ma che non voleva nessuno perché brutte), o comunque non erano disposti a pagare costi eccessivi per le energie rinnovabili.

Il cosiddetto *green premium* – ovvero la differenza di costo tra un prodotto (un'automobile) o un servizio (l'elettricità) verde e il suo analogo basato sui combustibili fossili – restava ancora troppo alto.

Poi, negli ultimi anni, è cambiato qualcosa e hanno iniziato a concretizzarsi importanti progressi.

I primi veri progressi sul fronte climatico

Il settore industriale che ha maggiormente subito i cambiamenti imposti dalla crisi climatica è, con ogni probabilità, quello della produzione di energia elettrica. Responsabile di circa il 40% delle emissioni di CO_2 nel mondo, il settore ha registrato negli ultimi anni un massiccio spostamento degli investimenti verso tecnologie meno inquinanti.

In Europa e negli Stati Uniti, gli investimenti in centrali a carbone si sono praticamente azzerati: in Nord America non si costruiscono centrali a carbone da dieci anni, mentre nel Vecchio continente, nonostante il recente aumento della produzione da carbone a seguito della crisi del gas dovuta alla guerra in Ucraina, le centrali a carbone in costruzione o pianificate rappresentano solo l'1% della capacità installata, e corrispondono a un tasso di investimento dello 0,2% all'anno, visto che per completare una centrale sono necessari almeno cinque anni.

Anche le centrali a gas, pur basate su una tecnologia considerata di transizione (ovvero utile a rimpiazzare il carbone nell'attuale fase di trasformazione dei sistemi energetici), hanno subito una riduzione nel mondo occidentale, e quelle poche sono spesso progettate per fare da riserva agli impianti rinnovabili.

Le centrali a energie rinnovabili sono invece cresciute moltissimo. Nel 2023 gli investimenti in fonti rinnovabili hanno assorbito circa 700 miliardi di dollari, sette volte gli investimenti in centrali a combustibili fossili. Vent'anni fa tali investimenti ammontavano ad appena 20 miliardi di dollari in tutto il mondo. Anche in proporzione alla crescita dell'economia mondiale sono aumentati di 13 volte.

Un altro settore impegnato in un enorme processo di trasformazione in seguito alla transizione energetica è quello dei trasporti, responsabile del 25% delle emissioni. Per quanto riguarda le emissioni, il segmento principale è costituito dal trasporto automobilistico, dove la speranza più concreta di abbattere le emissioni in tempi ragionevoli è data dal passaggio alle auto elettriche a batteria, e si fonda sull'ottimistica previsione che, mentre si realizzerà la transizione nel parco auto di tutto il mondo, la produzione di energia elettrica sarà diventata in gran parte rinnovabile. Questa logica contrasta con l'argomento dei nuovi negazionisti, secondo cui le auto elettriche hanno un impatto marginale perché l'elettricità che le alimenta oggi è ancora in gran parte generata da combustibili fossili. Rimandare l'inizio della transizione alle auto elettriche a quando la transizione alle rinnovabili sarà completata ci farà perdere del tempo prezioso.

Anche nell'auto elettrica è avvenuto un importante cambiamento. Fino a pochi anni fa le auto elettriche erano sinonimo di auto brutte, con prestazioni equiparabili a quelle di un golf cart e un mercato limitato ai parchi pubblici. Anche qui, tuttavia, le cose sono profondamente cambiate. Secondo un rapporto Reuters dell'ottobre 2022, i principali 37 produttori automobilistici del mondo stanno pianificando investimenti nei veicoli elettrici per 1200 miliardi di dollari dal 2023 al 2030, una previsione raddoppiata rispetto a quanto previsto solo un anno prima. Questi investimenti avverranno, secondo Bloomberg, a spese di quelli sulle auto a combustione interna.

Un'analisi del Boston Consulting Group dimostra che il 30% dei 300 modelli che saranno venduti da Ford, General Motors, Volkswagen e Toyota nel 2027 saranno elettrici, e che oggi non sono ancora in commercio ma in fase di sviluppo. La stessa analisi estesa a tutti i produttori del mondo (compresi quelli cinesi) fa alzare la percentuale al 40% dei modelli. Lo sforzo dei costruttori è dunque poderoso e rappresenta una vera rivoluzione nelle strategie aziendali.

Toyota, il principale costruttore al mondo per numero di veicoli, che fino a poco tempo fa era fortemente contrario alle auto *full electric*, sta sviluppando un'ampia gamma di modelli che ha iniziato a lanciare già nel 2024, incluso un Suv con il marchio Lexus. L'azienda ha dichiarato di aver spostato metà del suo staff e del suo budget di ricerca e sviluppo sull'elettrificazione, inclusi nuovi modelli di auto, e tecnologie avanzate di batterie e software. E così hanno fatto tutti i produttori di auto europei e americani, anche per non trovarsi in svantaggio nei confronti di Tesla e dei cinesi, diventati in questi anni i primi produttori mondiali di auto elettriche.

Gli impegni per il clima, oggi, non sono più limitati a quelli dei Paesi occidentali. Per esempio, la Cina, il più grande emettitore di CO_2 del mondo, fino a pochi anni fa riluttante a impegnarsi a decarbonizzare la sua economia, ha assunto anch'essa l'impegno di azzerare le emissioni e, quel che più conta, è leader nei settori sia delle rinnovabili sai delle auto elettriche.

Cosa è accaduto? Come si è arrivati a questi inaspettati successi? Ripercorriamo la storia del triangolo della sostenibilità in merito alle due grandi innovazioni di questo inizio di secolo: le rinnovabili a basso costo e l'auto elettrica ad alte prestazioni.

Il modello dello sviluppo dell'ecosistema delle fonti rinnovabili

Le energie rinnovabili sono tutt'altro che recenti. L'energia idroelettrica è stata la prima a svilupparsi durante la rivoluzione industriale, ma già a partire dagli anni Settanta la scarsità di corsi d'acqua con grandi capacità di produzione non ancora sfruttate rendeva minime le possibilità di crescita di questa fonte di energia in tutti i Paesi sviluppati. Nel frattempo, l'attenzione si spostava su due tecnologie «nuove»: l'energia eolica (gli ex mulini a vento) e l'energia più disponibile di tutte, quella solare. Entrambe nacquero per applicazioni di nicchia: l'energia eolica, sin dalla fine del diciannovesimo secolo, per rifornire luoghi isolati e ventosi in Nord America ed Europa, anche se la sua tecnologia si sviluppò a partire dalla crisi petrolifera degli anni Settanta del Novecento. La tecnologia per l'energia solare fu invece messa a punto negli anni Cinquanta e Sessanta per le ricerche spaziali che portarono a sviluppi significativi nella tecnologia delle celle fotovoltaiche.

Col tempo, le economie di scala, ma soprattutto le innovazioni tecnologiche nella scienza dei materiali, hanno permesso costi dei pannelli solari sempre più bassi, arrivando alla cosiddetta *grid parity*, ovvero all'equiparazione del costo dell'energia solare a quello dell'energia fossile. Lo stesso è avvenuto con l'energia eolica dove, nel corso degli anni, si sono realizzati miglioramenti legati all'innovazione e al digitale quali turbine ad alta efficienza, anche offshore, controllo intelligente che ottimizza l'inclinazione delle pale in base alla direzione e velocità del vento, e ingranaggi estremamente efficienti dal punto di vista meccanico. Col tempo è molto migliorata anche la capacità delle reti e dei sistemi elettrici di gestire grandi potenze prodotte da queste fonti, che hanno un andamento della produzione tipicamente intermittente. I primi studi di rete all'inizio degli anni Duemila stimavano che, quando l'energia prodotta dalle centrali eoliche avesse superato il 20-30% del totale, si sarebbe creato il rischio di blackout. Oggi la Spagna arriva all'80%. Da questo punto di vista l'energia eolica e quella solare hanno anche un altro vantaggio: sono complementari perché raggiungono i loro picchi di produzione in momenti diversi durante il giorno e l'anno. L'energia eolica di notte e d'inverno, e quella solare di giorno e d'estate.

Queste tecnologie hanno raggiunto simili traguardi non per merito di uno Stato, di una singola impresa o di un centro di ricerca, ma grazie al triangolo della sostenibilità in cui regolatori, imprese private, attivisti e ricercatori si sono trascinati a vicenda in un vortice verso la *grid parity* e quindi verso un'energia rinnovabile che fosse anche sostenibile economicamente.

I paesi del Nord Europa (per esempio la Danimarca) hanno avuto un ruolo chiave per lo sviluppo iniziale dell'energia eolica grazie alle condizioni di vento costante sulle loro coste e alla nascita di campioni nazionali come Vestas, impresa danese fondata nel 1945 e diventata leader globale nella produzione di turbine eoliche. Dal Nord Europa si è passati velocemente al Centro Europa, dove il contesto geografico, politico e di business era favorevole: la Svizzera ha installato il suo primo parco eolico già nel 1979 a Cervia e la Germania è patria di tre imprese di standing globale (Siemens, che ha acquisito la spagnola Gamesa, Nordex ed Enercon). In tutti questi Paesi i regolatori hanno stimolato lo sviluppo con incentivi economici sulle tariffe o sulle condizioni di collegamento alla rete delle centrali rinnovabili, che creano condizioni economicamente favorevoli alle aziende produttrici di energie rinnovabili.

La Germania è stata una delle nazioni pioniere dell'adozione dell'energia solare, ricorrendo anche in questo caso a politiche pubbliche e incentivi («10.000 tetti fotovoltaici») e favorendo la nascita di imprese leader come SolarWorld e Q-Cells (successivamente soppiantate da produttori cinesi). Il Sud Europa, soprattutto Spagna e Italia, ha sfruttato il sole abbondante per realizzare un grosso volume di impianti solari, e anche in questo caso gli incentivi pubblici e le tariffe vantaggiose hanno giocato un ruolo chiave nella fase di sviluppo del mercato.

Ma il salto verso la piena sostenibilità economica si è realizzato quando utility elettriche come Enel e Iberdrola hanno assunto un ruolo di leadership globale, cercando la *grid parity* in America Latina, in Paesi come il Cile e il Brasile, dove l'energia elettrica costa cara e sole e vento ci sono in abbondanza, cosicché il *green premium* è inferiore a quello europeo. Enel, in particolare, all'inizio con la sua controllata Enel Green Power e poi attraverso l'intera strategia del gruppo, iniziò a pianificare a tavolino la scelta dei Paesi in cui concentrare le attività di sviluppo, individuando le migliori combinazioni di risorse naturali, prezzi di mercato dell'energia e regolamentazione stabile che favoriva gli investimenti.

Il primo segnale si ebbe nel 2008 con una gara per la fornitura di energia al mercato elettrico del Brasile in cui, per la prima volta, l'energia eolica riuscì a rompere il monopolio secolare del grande idroelettrico, che forniva fino ad allora praticamente la totalità dell'energia del Paese. Ci fu una gara per la fornitura ventennale di energia al mercato delle società distributrici, organizzata dal Ministero dell'Energia brasiliano e, con la sorpresa di tutti, gli impianti eolici riuscirono a battere sul costo i numerosi progetti di grandi dighe che, nel frattempo, risultavano gravati da crescenti costi ambientali. La *grid parity* era diventata una realtà e le rinnovabili, come racconta Francesco Starace, allora a capo di Enel Green Power, «avevano smesso di essere un giocattolino per incominciare a diventare una grande industria competitiva».

Abbracciando prima di altre la trasformazione verso le rinnovabili, Enel e Iberdrola hanno creato più valore per i loro azionisti rispetto alle loro concorrenti rimaste ancorate ai combustibili fossili. L'industria europea delle utility ha subito diversi alti e bassi negli ultimi decenni, ma se prendiamo, per esempio, il periodo 2013-2023 (ovvero gli ultimi dieci anni al momento della scrittura di questo saggio, coincidenti con la rivoluzione *green* di Enel), il prezzo dell'azione Enel è cresciuto del 70% (da 3,6 a 6,2 euro), quello di Iberdrola del 130% (da 4,6 a 10,7). Le utility meno esposte al settore delle rinnovabili hanno fatto molto peggio: il prezzo di Eon è sceso del 4% e quello di Engie del 15%, mentre a EDF e RWE (diventata Uniper) è andata ancora peggio, salvate rispettivamente dai governi francese e tedesco. A novembre 2023, l'Enel valeva in borsa 62 miliardi e Iberdrola 73.

Ormai l'ecosistema delle rinnovabili è preso in un vortice positivo in cui da una ventina d'anni si trascinano a vicenda imprese che producono componenti (pannelli solari, turbine eoliche, elettronica), centri di ricerca, investitori, banche, attivisti e governi. L'Europa nel suo complesso rimane in testa agli investimenti, ma la Cina è divenuta il primo Paese e gli Stati Uniti stanno accelerando anche grazie all'*Inflation Reduction Act* varato dall'amministrazione Biden. Se ci sono state imprese come Vestas, Siemens, Enel e Iberdrola che hanno trascinato l'ecosistema, ce ne sono ancora centinaia che dovranno seguire il più rapidamente ed efficacemente possibile per adattarsi a un mercato diventato molto competitivo. E se gli Stati hanno difficoltà a coordinare risposte a crisi come quella del clima, non è così per le imprese globali.

In modo simile a quanto avvenuto nel settore della produzione energetica, si è avviato un processo per ridurre la CO_2 emessa dal secondo grande «peccatore», il settore delle automobili e, in generale, del trasporto, che utilizza combustibili come la benzina e il gasolio. In questo caso, il trascinatore dell'ecosistema e del vortice che sta provocando una rivoluzione della mobilità è stato uno solo: Elon Musk.

Elon Musk e la rivoluzione dell'auto elettrica

Il settore dell'automobile è, come quello della produzione di energia elettrica, un grande emettitore di CO_2. Tuttavia, contrariamente a quanto avvenuto nel settore energetico, per avviare una rivoluzione dell'ecosistema in quello automobilistico non sarebbero mai bastati gli incentivi statali, per una ragione ben precisa: agli automobilisti le auto elettriche non piacevano.

Le prime auto elettriche risalgono alla seconda metà del diciannovesimo secolo, tuttavia l'aumentata disponibilità e praticità del petrolio ha favorito la crescente popolarità delle auto a combustione interna e gli investimenti dei produttori ne hanno via via migliorato le prestazioni e il costo, relegando l'auto elettrica ai musei. Il vero nemico di quest'ultima è stato Henry Ford, alfiere della produzione di massa dell'automobile, il quale mise a disposizione di milioni di consumatori dei veicoli pratici da usare, molto più robusti delle prime auto prodotte artigianalmente e a un prezzo accettabile.

Nel corso della seconda metà del secolo scorso, la leadership nel settore è passata dai big americani ai produttori giapponesi, per le vetture di massa, e tedeschi, per le vetture dei segmenti più alti, per poi ritornare ai produttori statunitensi nel segmento dei grossi e decisamente poco sostenibili Suv e pick-up, che tanto piacciono agli americani. Quando però si è trattato di affrontare la sfida dell'emergenza climatica, quasi tutti i produttori del settore hanno puntato i piedi e resistito al cambiamento. A dicembre del 2022, il presidente della Toyota Akio Toyoda (discendente di Kiichiro Toyoda, che nel 1937 fondò l'azienda) ha dichiarato che «esiste una maggioranza silenziosa di produttori di auto contrari alle auto elettriche». Aveva ragione e quella «maggioranza silenziosa» annoverava anche il nostro Sergio Marchionne, scomparso quattro anni prima, che aveva salvato la Fiat dalla bancarotta.

Le ragioni? Secondo la maggioranza silenziosa il consumatore avrebbe rifiutato l'auto elettrica perché brutta, più cara rispetto all'auto tradizionale e molto più scomoda da gestire (la ricarica è molto più problematica del pieno di benzina). Inoltre, gli Stati europei non avrebbero mai rinunciato a 2% di PIL di tasse sulla benzina. E tutto questo ancor prima che gli scettici cominciassero a far notare che le batterie sono in mano ai cinesi, che invece nell'auto elettrica hanno investito moltissimo. Per questo la risposta della Toyota all'emergenza climatica era l'auto ibrida, come la Prius.

Come avviene da sempre nel mondo delle strategie di business, quando c'è una grande innovazione, i cosiddetti *incumbent* (gli operatori di business in carica) raramente riescono a cavalcarla, e chi vince è spesso un *attacker*, un outsider che vede il business con gli occhi del futuro e non con quelli del passato. Spesso si tratta di startup che dopo un po' diventano colossi e leader del mercato. Pensiamo, per esempio, a come Netflix ha fatto sparire Blockbuster, un tempo leader nel noleggio di video, a come Airbnb ha rivoluzionato il settore alberghiero, Uber il mondo dei taxi e Amazon la grande distribuzione commerciale.

In questo caso l'*attacker* di turno è stato Elon Musk, un imprenditore del settore tecnologico che si è fatto le ossa (e i primi miliardi) con la creazione di Paypal, un'applicazione di pagamenti elettronici, per poi fondare Tesla, un'azienda con una strategia del tutto nuova per le auto elettriche. Anziché puntare a costruire delle city car elettriche di prestazioni limitate – come avevano nel tempo fatto altri produttori, soprattutto europei, nella speranza che l'utilizzo urbano dissimulasse i difetti dell'auto elettrica (più costosa e con minore autonomia) – ha sfidato le auto a combustione interna sul loro stesso terreno, quello delle prestazioni, progettando un veicolo, la Tesla Modello S, con prestazioni, dotazioni di accessori e prezzo da auto di lusso, e puntando sulle caratteristiche del motore elettrico con una coppia altissima anche a bassi regimi per avere un'accelerazione da supercar. L'auto è subito diventata uno *status symbol* tra i consumatori ricchi ma attenti all'ambiente – se ne vendono milioni, anche se i costruttori automobilistici *incumbent* la definiscono un «giocattolo». Poi Musk ha iniziato a produrre e a vendere i modelli sempre della categoria premium ma meno costosi a un numero crescente di consumatori, soprattutto nei Paesi più sensibili alla questione ambientale, come la Norvegia, dove l'80% delle nuove auto vendute sono elettriche.

A mano a mano che Tesla vendeva auto, i suoi costi scendevano perché subentravano le economie di scala e l'effetto esperienza, ossia la capacità di tutti i costruttori di un nuovo prodotto di ridurre i costi al crescere del numero di unità prodotte nella sua storia, che nel caso di Tesla sono passate dalle 100.000 del 2015 ai 4 milioni di fine 2023.

L'elevata differenza di costo tra un'auto elettrica e una con motore a combustione si è via via ridotta, fino a stabilizzarsi sul 20%, facilmente recuperabile attraverso un maggior prezzo, cosicché oggi Tesla produce e vende modelli di massa che competono in tutte le geografie, realizzando margini di profitto allineati a quelli dei produttori di auto a maggiore redditività, come BMW.

Dopo che Elon Musk ha così dimostrato che si possono produrre a costi accettabili auto elettriche belle, funzionali e apprezzate dai consumatori, è partito l'effetto «trascinamento dell'ecosistema», perché i regolatori hanno subito introdotto incentivi, detassazioni e previsione di divieti di circolazione di auto non elettriche, come annunciato dall'Unione Europea per il 2036.

Il trascinamento è proseguito con altri costruttori automobilistici che si sono inseriti. I più veloci sono stati i cinesi, che con l'aiuto dello Stato hanno subito riconvertito il settore automobilistico tradizionale, contando sia sui produttori prima specializzati nel motore a scoppio (come SAIC e Geeley), sia su nuovi soggetti focalizzati esclusivamente sull'elettrico (come NIO e BYD); e seguendo i principali produttori europei, soprattutto tedeschi e francesi, con forti investimenti in nuovi modelli elettrici.

Al contempo, sono arrivate le prime vittime. Le proteste dei fondi di investimento di Toyota nei confronti della sua strategia anti-elettrico hanno portato alla sostituzione al vertice dell'azienda di Toyoda (nonostante il cognome) con Koji Sato, e il previsto lancio di una piattaforma con molti modelli *full electric* (non solo ibridi). Anche in Europa e negli Stati Uniti gli OEM più recalcitranti si sono fatti trascinare, inclusa la Fiat: nei suoi ultimi anni Sergio Marchionne si è dovuto ricredere sull'auto elettrica, ma era comunque troppo tardi per uno sviluppo autonomo.

Oggi nel triangolo avviato da Tesla non si trovano solo i produttori di automobili. I Suv e i pick-up, più difficili da progettare nella versione *full electric* perché bisognosi di batterie più grandi, stanno risolvendo i problemi ed entro il 2025 le Big 3 americane lanceranno una gamma di Suv e pick-up elettrici per il mercato americano, da sempre molto orientato a veicoli di grandi dimensioni. È per questo che, nonostante Tesla sia americana, oggi le vendite di veicoli elettrici negli Stati Uniti sono meno del 10% del totale contro numeri doppi in Europa e Cina. Ma gli analisti prevedono che le auto elettriche possano arrivare entro la fine della decade al 50% del totale delle nuove auto vendute anche nel mercato americano.

Nel triangolo è stato poi trascinato il settore delle batterie, che sta diventando un enorme nuovo business. C'è una grande preoccupazione in Occidente per la posizione dominante acquisita dalla Cina in questo settore, ma la dipendenza dai cinesi per le batterie potrebbe essere meno critica di quella dagli arabi per il petrolio. Fino a oggi, i cinesi continuano a dominare non solo il mercato delle batterie ma anche quello dell'estrazione e della raffinazione delle terre rare essenziali per batterie e motori elettrici. Tuttavia, questa leadership deriva dalla geologia solo in parte marginale, perché le miniere di terre rare si trovano in moltissimi posti del mondo, anche se solo i cinesi stanno investendo nel loro sviluppo, nella raffinazione e nella produzione di batterie sulla scala necessaria per servire il mercato globale. Il petrolio a basso costo è invece molto concentrato, mentre le fabbriche di batterie si possono fare ovunque. E infatti si stanno avviando *gigafactory* di batterie negli Stati Uniti e in Europa anche grazie all'*Inflation Reduction Act* di Joe Biden e agli incentivi europei. Il riciclo delle batterie sarà anch'esso un nuovo grande business nel quale emergeranno nuovi leader.

Il vortice innescato da Elon Musk ha provocato una rivoluzione anche nella creazione di valore per gli azionisti per i leader del futuro. A fine 2023, Tesla valeva oltre dieci volte costruttori come Volkswagen, BMW e Mercedes (790 miliardi di dollari contro i 69 di Volkswagen, i 72 di BMW e i 74 di Mercedes), e tre volte la Toyota (230 miliardi di dollari). I cinesi di BYD valevano più di tutti i costruttori europei (103 miliardi). E il mercato delle batterie elettriche vale già 60 miliardi di dollari l'anno ed è previsto che raggiunga i 140 miliardi entro il 2027.

Ma le sfide che restano aperte per il triangolo di sostenibilità sono ancora molte.

6
Le prossime sfide per il triangolo di sostenibilità

La crescita delle fonti rinnovabili di energia dimostra che il triangolo può funzionare, ma è solo l'inizio di un lungo e difficile percorso

Il percorso verso le emissioni zero è ancora complesso e pieno di altri problemi apparentemente irrisolvibili, e nel frattempo le emissioni aumentano ancora. Quando imprese, politica e società civile si incontrano, come è avvenuto a Dubai per la COP28, ognuno porta avanti i propri interessi, dando il la a grandi dibattiti ideologici, con forti dubbi sull'attuazione delle proposte presentate.

Per sostenere la triangolazione è necessario invece che la nuova mentalità non sia più solo prerogativa di imprese innovative e regolatori illuminati, ma sia acquisita dalla maggioranza degli attori politici, economici e della società civile, a cominciare dai leader del pensiero accademico e del dibattito culturale. Solo un'azione combinata di queste tre componenti può trovare una soluzione al problema, con le aziende e il capitalismo nel ruolo di trascinatori.

I progressi ottenuti sul fronte delle rinnovabili sono infatti cruciali: l'abbattimento di quasi il 60% delle emissioni dipende dalle fonti rinnovabili nella generazione di energia elettrica. Ciò in virtù del fatto che la produzione di energia elettrica è direttamente responsabile per il 25% delle emissioni, ma il settore dei trasporti (23%) e del riscaldamento edilizio (11%) ripongono le loro speranze di abbattere le emissioni passando dai combustibili fossili (petrolio nelle auto, gas nelle abitazioni) all'elettricità. Senza elettricità da fonti rinnovabili non hanno senso le auto elettriche che, quando l'elettricità della ricarica è generata con combustibili fossili, non ottengono risultati. Ma i risultati ottenuti rappresentano solo l'inizio del percorso perché, se in Europa e negli Stati Uniti si sta arrivando alla *grid parity*, si è ancora molto lontani dall'azzeramento del *green premium* in altre regioni del mondo.

Quello del riscaldamento è ovviamente un problema globale, e la logica dell'«ognuno faccia la sua parte» ha dei limiti colossali. Lo sforzo dei Paesi sviluppati non realizzerà mai il Net Zero, senza ridurre le emissioni dell'India e di altri Paesi in via di sviluppo, che non possiedono risorse per incentivare gli investimenti privati. A mancare a questi Stati, come abbiamo visto, non è tanto la finanza verde, quanto la possibilità di spesa per gli incentivi o la possibilità di tassare i consumatori, come fanno in diversa misura Europa, Stati Uniti e Cina. Il problema non è finanziario ma economico, poiché gli investimenti non sono redditizi e l'energia rinnovabile in molti casi costa ancora troppo, perché in questi Paesi mancano i sussidi e il costo del fossile è spesso più basso di quello europeo e statunitense. E mentre in alcuni Stati come l'India o l'Indonesia è il carbone a costare poco, in altri (soprattutto africani) mancano le reti per portare l'energia elettrica tra le zone ricche di vento e quelle di grande consumo.

Il vertice del triangolo costituito dalle imprese innovative è tuttora al lavoro e i costi delle energie rinnovabili scenderanno ancora ma, come vedremo più avanti, per superare le difficoltà che si incontrano nei Paesi a basso reddito conta molto di più il secondo vertice, quello della politica.

Nel frattempo, l'innovazione delle imprese è al lavoro per attaccare le altre sfide tecnologiche della transizione energetica per abbattere le emissioni nei trasporti, nell'industria pesante, nell'agricoltura e nella climatizzazione delle nostre abitazioni.

L'adozione massiccia delle rinnovabili sta creando nuove sfide

Le attuali condizioni favorevoli allo sviluppo delle rinnovabili in Europa e negli Stati Uniti potrebbero non essere sufficienti a decarbonizzare del tutto la loro produzione energetica. La *grid parity* di oggi potrebbe non esserci più domani. È vero che le opportunità per ridurre ulteriormente il *green premium* non mancano: i costi dei pannelli solari continuano a scendere, i nuovi pannelli solari Tandem, attualmente in fase di industrializzazione in stabilimenti come quelli di 3SUN, la società dell'Enel con sede a Catania, possono portare l'efficienza dall'attuale 18% a oltre il 30-35%. E anche nell'eolico la tecnologia continua a progredire.

Purtroppo, però, per completare la decarbonizzazione della produzione di energia elettrica ci sono altre sfide da affrontare. La prima è che, quando le energie rinnovabili diventeranno la principale fonte energetica, si creerà un problema di stoccaggio dell'energia prodotta quando ci sono sole o vento, energia che dev'essere utilizzata di notte o quando il vento scende. Oggi che l'energia eolica e solare rappresenta meno del 30% dell'energia immessa in rete (27% in Europa e 15% negli Stati Uniti nel 2023), per compensare la mancanza di sole o di vento si può fare ancora ricorso alle centrali termoelettriche. Ma più aumenta la quantità di energia rinnovabile, più cresce la necessità di una riserva energetica per fare fronte alle inevitabili fluttuazioni della produzione solare ed eolica. Allo stesso tempo, diminuisce progressivamente il numero di centrali termoelettriche in funzione, cosicché viene meno il loro ruolo di riserva nei confronti delle rinnovabili. Cresce così la necessità di uno stoccaggio dell'energia, per esempio costruendo batterie o altri sistemi di accumulo. L'investimento in questi sistemi da un lato crea un grande business (che si stima potrà valere 150 miliardi di dollari entro il 2030 contro i 5 attuali), ma dall'altro rappresenta un extra costo della produzione solare ed eolica, che aumenta il *green premium*.

Il sistema più tradizionale di accumulo, adottato da Paesi con una significativa capacità di produzione idroelettrica come l'Italia e la Francia, è costituito dagli impianti di pompaggio, dotati di due bacini di accumulo dell'acqua, posti a una notevole differenza di quota. Si usa l'energia elettrica nei momenti in cui viene prodotta in abbondanza rispetto a quella richiesta (tipicamente di notte) per pompare l'acqua dal bacino inferiore a quello superiore, e si fa scendere l'acqua nel percorso inverso, producendo energia idroelettrica, nei momenti di maggiore richiesta. Oggi, tuttavia, costruire nuovi impianti di pompaggio è lungo e costoso, anche per gli impatti ambientali che questi progetti comportano, e non tutti i Paesi hanno una conformazione del territorio adeguata. Di conseguenza, il grosso del mercato dei sistemi di accumulo è costituito da grandi impianti a batteria, acquistati dagli stessi produttori di rinnovabili o da operatori delle reti, come la nostra Terna. In futuro potranno fungere da accumulo per la rete anche le batterie delle applicazioni industriali e commerciali (dove sono usate nel caso in cui manchi l'energia elettrica), quelle delle automobili o quelle installate nelle case che hanno un impianto fotovoltaico. Chiunque fornisca questo servizio di accumulo, però, andrà remunerato, e il costo di produrre energie intermittenti ne risentirà.

Ci sono poi le infrastrutture di trasporto dell'energia. Quando gli impianti rinnovabili sono relativamente pochi, servono solo i collegamenti dall'impianto alla rete nazionale. La rete, che già trasportava l'energia delle centrali termiche, non richiede grandi investimenti per sostituire quest'ultima con quella delle centrali rinnovabili. Ma anche qui, al crescere delle rinnovabili, lo sbilanciamento tra la vecchia rete e la localizzazione degli impianti rinnovabili comincia a farsi sentire.

Prendiamo un Paese come l'Italia: la rete di trasmissione attuale riesce a trasportare dal Sud al Nord (e viceversa) una quantità di energia pari al massimo al 6% circa del fabbisogno nazionale. I nuovi impianti rinnovabili saranno invece realizzati in gran parte al Sud (che oggi accoglie circa i due terzi dei progetti). Se la tendenza dovesse continuare e l'intera produzione nazionale fosse realizzata con energie rinnovabili, l'export dal Sud al Nord passerebbe a circa il 30% del fabbisogno italiano e la necessità di investimenti nella rete aumenterebbe di conseguenza. C'è poco da stupirsi che Terna abbia aumentato moltissimo i suoi piani di investimento, passando negli ultimi dieci anni da 800 milioni a 2,1 miliardi l'anno.

Lo stesso fenomeno avviene in Germania (dove le risorse di energia eolica sono concentrate sulle coste settentrionali) ed è ancora più forte negli Stati Uniti (dove le distanze sono ovviamente molto maggiori); qui la maggiore intensità di vento si registra nel Centro-Ovest del Paese e, in particolare, in quattro Stati (Kansas, Oklahoma, Nebraska e Wyoming) che hanno una densità di popolazione e di consumi elettrici molto inferiore alla media nazionale, e quindi necessiteranno di grandi infrastrutture per esportare l'energia prodotta.

Come vedremo più avanti, le politiche economiche europee per incentivare le rinnovabili sono state all'avanguardia con l'approccio ETS (Emission Trading System: alla fin fine, è una tassa sull'anidride carbonica che oggi raddoppia il costo dell'energia elettrica da fonti fossili). Per questo motivo le rinnovabili sono già molto diffuse in Europa, e per un privato investire nel settore è economicamente conveniente. Eppure, anche in Europa le rinnovabili crescono molto a rilento e la ragione è da ricercare, in parte, proprio nella suddetta mancanza dell'infrastruttura di trasporto, ma soprattutto nella lentezza con cui vengono espletate le pratiche burocratiche necessarie ad avere le autorizzazioni. E l'Italia è il Paese più in ritardo in questo campo, pur avendo avuto un innovatore globale qual è stato Enel.

Tanto lavoro per il triangolo, quindi, per accelerare lo sviluppo dell'energia rinnovabile: imprese innovative che dovranno ridurre ancora i costi e magari renderanno economiche le centrali eoliche sul mare; politiche economiche per incentivare i privati, almeno fino al completo azzeramento del *green premium*; e (speriamo) la crescita nella società civile di un rifiuto degli atteggiamenti NIMBY, che spesso bloccano investimenti vantaggiosi per l'ambiente.

Le auto elettriche sono ancora più indietro

Anche per le auto elettriche siamo solo all'inizio. Sono ancora troppo care per penetrare i segmenti di massa, e ci sono enormi spazi di opportunità e sfide per il triangolo. Finora hanno penetrato i segmenti premium e i Paesi più ricchi, ma per farlo nel resto del mondo serve una discesa dei costi ancora più marcata.

Il vertice del triangolo costituito dalle imprese vede al centro delle attività gli innovatori nelle batterie, dove la crescita industriale è solo all'inizio, e la ricerca per renderle meno pesanti, di maggiore capacità di accumulo e soprattutto meno care (il loro costo è sceso dell'80% in quindici anni, ma si può fare ancora molto) sforna idee promettenti a un ritmo elevatissimo.

Tuttavia, le batterie non rappresentano l'unica tecnologia disponibile per alimentare i motori elettrici dei mezzi di trasporto. Dal 1960, infatti, si lavora per cercare di rendere sempre più economiche ed efficienti le celle a combustibile che producono energia elettrica da una reazione chimica che utilizza un combustibile come l'idrogeno, che produce energia senza emettere CO_2. Si tratta di una tecnologia ancora molto costosa (soprattutto per l'idrogeno) ed è stata abbastanza messa in disparte per le automobili, ma è ancora promettente per i veicoli pesanti, in cui i vantaggi di peso dell'idrogeno rispetto alle batterie risultano potenzialmente determinanti. Recentemente si sono fatti passi avanti, ma nessuno è oggi in grado di prevedere tempi e costi per sviluppi commerciali su grande scala.

La tecnologia e l'innovazione sono quindi al lavoro ma, senza l'altro vertice del triangolo, la politica, le cose non andranno avanti, perché gli Stati devono continuare a incentivare pesantemente l'acquisto di auto e la realizzazione delle colonnine di ricarica che a fine 2023, in Europa, sono ancora troppo poche (570.000 contro 1,8 milioni in Cina, più o meno con lo stesso parco circolante di auto elettriche). Questo avviene perché in Europa chi investe in colonnine non riceve sussidi pubblici e deve far ritornare gli investimenti, problema che si riflette non solo sulla disponibilità di colonnine ma anche sui costi delle ricariche. Oggi in Italia una ricarica (veloce) costa 0,74 €/kWh contro gli 0,2 €/kWh in Cina, e il pieno di elettricità di una 500 elettrica ammonta a 30 euro. Il risultato è che il costo al chilometro dell'elettricità è più o meno uguale a quello della benzina. Solo 5 dei 54 centesimi di differenza con la Cina sono dovuti al maggior costo dell'energia, il resto è riconducibile agli oneri parafiscali (come gli incentivi alle rinnovabili) e, soprattutto, al margine di chi possiede le colonnine e deve ripagare il suo investimento.

L'auto elettrica si trova a uno stadio evolutivo simile a quello delle rinnovabili di una decina di anni fa, e vive i problemi, diciamo così, dell'adolescenza: è nella fase iniziale della penetrazione nel mercato (oggi l'Europa compra nuove centrali quasi solo rinnovabili, mentre solo il 20% delle auto nuove sono elettriche) ed è ancora bisognosa di incentivi, mentre la Cina investe pesantemente per conquistare quote di mercato. Se e quando l'auto elettrica riuscirà a sostituire in modo convincente quella a benzina, sorgeranno i problemi della maturità.

Il passaggio all'auto elettrica non influenzerà solo il mondo dei costruttori automobilistici, ma impatterà in modo pesante anche sul settore della componentistica. Secondo una ricerca della società di consulenza Price-Waterhouse Coopers, la percentuale del valore aggiunto di un'automobile catturata dai produttori di componenti scenderà dall'attuale 50-55% per le auto a combustione interna al 35-40% per le auto elettriche, proiettando così uno scenario in cui la produzione di batterie verrà realizzata direttamente dai costruttori automobilistici. Il che vuol dire che i componentisti, nel loro complesso, dovranno drasticamente ristrutturarsi per far fronte alla perdita di un terzo del valore complessivo, senza contare che alcune categorie, soprattutto legate al sistema motopropulsore a combustione, spariranno del tutto (candele, cinghie di trasmissione, serbatoi benzina, tubi di scappamento, filtri aria ecc.).

Nasceranno anche nuovi componenti, per esempio tutti quelli relativi alla trazione elettrica (motore elettrico, inverter ecc.) e all'elettronica di potenza, in particolare per la ricarica. Tanto lavoro per il triangolo della sostenibilità: imprese che dovranno reinventarsi, governi che dovranno facilitare una colossale riconversione industriale, e società civile, in particolare i sindacati, che dovrà partecipare a un gigantesco programma di mobilità e *reskilling* di lavoratori.

Il triangolo deve ancora partire per l'industria

Se la riduzione del *green premium* ha fatto grandi passi in avanti nella generazione di energia e nell'automobile elettrica, i progressi sono invece stati molto più limitati nei processi industriali cosiddetti *hard to abate*, in cui le emissioni sono difficili da ridurre. L'andamento delle emissioni di CO_2 dimostra che, per quanto riguarda la generazione di energia, stanno cominciando a scendere grazie alle rinnovabili; che grazie alle auto elettriche sono previste in discesa anche nel settore dei trasporti; e che, al contrario, in molti processi industriali non ci sono ancora soluzioni praticabili, perché le tecnologie sono allo stato iniziale di sviluppo, sono costose o semplicemente non esistono ancora.

Molti processi industriali, infatti, richiedono calore ad alte temperature per riscaldare, fondere o cuocere i materiali, come la produzione di cemento o di piastrelle, in cui è difficile sostituire la combustione con l'elettricità. Altri processi sono invece trasformazioni chimiche in cui il combustibile entra direttamente in gioco. Per esempio, nella produzione di acciaio con gli altoforni (cosiddetta «da ciclo integrale»), responsabile di circa il 9% delle emissioni di CO_2 prodotte dall'uomo, il carbonio contenuto nel carbone reagisce con i minerali di ferro per produrre la ghisa, motivo per cui nei prossimi anni l'Europa si troverà ad affrontare un enorme sforzo di trasformazione dell'industria dell'acciaio, che oggi al 60% è prodotto con altoforni. C'è poi l'industria dei fertilizzanti, per i quali si produce ammoniaca utilizzando l'idrogeno preso dal metano, o la produzione di cemento, di carta, la cottura della ceramica, la chimica.

L'industria consuma così un terzo dell'energia globale, in gran parte per generare calore. Il che ne fa un produttore di CO_2 in quantità simili a quelle della generazione di energia o del trasporto su strada.

Per tutti questi processi il passaggio a un sistema a basse emissioni è un puzzle economico di soluzione davvero difficile. L'idea di fondo che si cerca di portare avanti è sempre la stessa: produrre energia elettrica con fonti rinnovabili e utilizzarla per produrre o calore o idrogeno (che nelle reazioni chimiche può sostituire gli idrocarburi senza produrre anidride carbonica). Uno schema semplice e concettualmente pulito che piace a molti, come nel caso delle cosiddette «fabbriche elettriche» in cui il calore si genera con pompe industriali, ma anche costoso. Perché usare energia elettrica per produrre idrogeno è inefficiente, se ne butta via tra il 30 e il 40%, mentre l'alternativa (usare i combustibili fossili per produrre direttamente calore) ha un costo molto minore.

In questi settori non sono ancora emerse le aziende innovative con le tecnologie vincenti, ma sono molte le imprese al lavoro per rendere l'idrogeno più conveniente. In realtà, l'idrogeno non è l'unica tecnologia per ridurre le emissioni di questi processi industriali. Sono disponibili, in fase più o meno avanzata di industrializzazione, dei processi chimici per la cosiddetta «cattura della CO_2», ovvero per separare l'anidride carbonica prodotta dai combustibili fossili dagli altri prodotti della combustione nelle centrali, nei cementifici, negli altri processi industriali, e poterla poi trasformare in minerali (carbonati), purificarla per usi industriali o accumularla in grandi depositi naturali (il cosiddetto «sequestro»), come i pozzi di gas esausti da cui si è estratto il metano.

Oggi l'80% della cattura e dello stoccaggio di CO_2 è fatto da improbabili alfieri della decarbonizzazione, le aziende petrolifere che catturano l'anidride carbonica emessa dai processi industriali, la trasportano al sito di stoccaggio attraverso oleodotti o su strada o rotaia, e poi la iniettano nei giacimenti petroliferi esauriti. Sono progetti ancora in fase sperimentale, ma l'Agenzia internazionale dell'energia (AIE) stima che da qui al 2050 la cattura di CO_2 aumenterà di duecento volte rispetto a oggi. La tecnologia per farlo, tuttavia, è oggetto di controversie. Gli ambientalisti l'hanno sempre vista come una scusa per non investire nelle rinnovabili, anche perché chi la spinge sono le Big Oil, che la usano da anni per sfruttare i giacimenti di petrolio in via di esaurimento negli Stati Uniti e sono quindi accusati di catturare CO_2 per produrre più petrolio. Un'altra accusa è che gli attuali processi offrono una capacità di cattura parziale, per cui un po' di anidride carbonica esce comunque. Ci sono preoccupazioni sulla capacità dei depositi di gas di mantenere la CO_2 nel terreno senza significative fuoriuscite, com'è invece potuto avvenire per il metano per svariati milioni di anni. E, soprattutto, non è una tecnologia economica in applicazioni diverse da quelle petrolifere. Gli innovatori sono al lavoro, ma anche qui è necessario l'intervento del secondo vertice del triangolo: le politiche economiche.

I settori *hard to abate* costituiscono una sfida importante, spesso sottostimata.

Agricoltura e abitazioni: due settori in cui bisogna cambiare marcia

L'industria *hard to abate* pone problemi tecnologici ed economici molto complessi, ma almeno è chiaro agli addetti ai lavori quali sono i risultati da raggiungere e quanto è grande il *green premium* delle varie tecnologie.

L'agricoltura e il riscaldamento delle abitazioni presentano un problema per certi versi ancora più complesso perché le soluzioni sono nelle mani non di un gruppo ristretto e tecnicamente preparato di manager, ma di qualche miliardo di persone nel mondo che hanno idee tutt'altro che chiare. L'agricoltura rappresenta un duplice problema di sostenibilità del pianeta: produce una quantità enorme di gas serra (il 25% delle emissioni) con il metano emesso dai ruminanti, e rilascia ulteriori quantità di CO_2 nell'atmosfera per colpa della deforestazione. Ma, oltre a essere una delle principali colpevoli del riscaldamento globale, l'agricoltura ne è anche una delle maggiori vittime potenziali, perché l'aumento delle temperature accresce il fenomeno della desertificazione, mettendo a rischio la produzione di cibo.

Rendere sostenibile l'agricoltura al cospetto di una domanda di cibo in continua crescita significa intervenire anche per ridurre l'enorme quantità di scarti, visto che si stima che il 30% del cibo prodotto nel mondo venga buttato via. Il problema principale non è tanto la crescita della popolazione mondiale, tuttora in aumento ma con una dinamica che lascia prevedere una stabilizzazione, quanto il desiderio di percentuali crescenti di nuovi consumatori di assumere uno stile alimentare occidentale. E il fatto che un numero sempre più grande di essi comincia a poterselo permettere.

La carne bovina è l'alimento che, considerando le emissioni generate dalle coltivazioni di mangimi e quelle causate direttamente dagli animali, provoca le maggiori emissioni in rapporto al valore nutritivo. Per produrre un chilogrammo di carne bovina si emettono 90-100 chilogrammi di gas serra, contro i 10 emessi per chilo di maiale o di pollo e valori ancora inferiori, tra 1 e 4 chilogrammi, per pasta, riso e cereali vari. Il consumo di carne bovina in Cina è sostanzialmente raddoppiato dall'inizio del nuovo millennio a oggi, mentre quello di pollo e maiale è cresciuto solo del 40%. In molti Paesi del mondo, le diete sostenibili hanno lo status di prodotto di serie B che avevano le auto elettriche prima di Tesla. Ma l'Elon Musk del cibo sostenibile non è ancora comparso.

Anche gli investimenti nell'efficienza energetica delle abitazioni sono frenati non solo dai calcoli economici, ma anche da valutazioni più complesse che coinvolgono i gusti delle persone, la loro capacità di pianificare le spese e le scelte fatte per semplificarsi la vita. L'attività di costruzione, climatizzazione e illuminazione degli immobili rappresenta il 37% delle emissioni di CO_2 tra gli usi finali dell'energia. Il triangolo è al lavoro nel settore delle nuove costruzioni, a partire dai materiali, ma funziona molto meno bene per la decarbonizzazione della gestione operativa degli immobili già costruiti. I nuovi immobili verdi utilizzano materiali che usano meno CO_2 nella produzione (il «cemento verde») e sono generalmente efficienti dal punto di vista energetico anche nella gestione. Questo perché utilizzano tecnologie a basso impatto climatico nel riscaldamento e condizionamento, come le pompe di calore, più vantaggiose non solo per l'ambiente, ma anche per il portafoglio. Riscaldare una casa con le pompe di calore, che funzionano a energia elettrica e producono meno CO_2 del riscaldamento a gas (anche quando l'energia elettrica è prodotta con i combustibili fossili), costa meno. Ma negli edifici esistenti, questo dato di fatto spesso non è sufficiente perché l'inquilino preferisce non cambiare il suo impianto di riscaldamento, anche se gli costa un po' di più. In un settore come quello delle abitazioni, il nuovo ci mette un tempo lunghissimo a rimpiazzare il vecchio. In Italia, per esempio, nel 2022 (un anno definito record dagli operatori) si sono vendute 74.000 nuove abitazioni, contro uno stock di 34 milioni. A questi ritmi, in cinquant'anni si rimpiazza il 10% dello stock.

I problemi relativi alla sostituzione degli impianti si vedono dalla scarsa diffusione delle tecnologie più efficienti nella climatizzazione delle abitazioni. Il motivo è che intervenire sull'esistente comporta spese e disagi addizionali per i proprietari, dal dover sostituire i termosifoni al cambiare i tubi. Il vertice del triangolo che dev'essere al lavoro in questo caso è soprattutto quello delle politiche economiche, e ne parleremo più avanti.

Le sfide sono tante, ma un certo ottimismo può essere giustificato dal fatto che l'umanità ha capito il problema e quali sono le cause dell'emergenza climatica. E dal fatto che esiste un percorso industriale, fatto di innovazione tecnologica e investimenti, che appare concretamente raggiungibile.

Le decisioni politiche che lo sosterranno appaiono complesse ma tutto sommato possibili (come il mettere fuori commercio le auto a combustione interna in Europa dopo che tutti i produttori avranno investito massicciamente nello sviluppo di modelli elettrici), in grado di allineare le economie del pianeta su un percorso di trasformazione ben individuato, come lo scenario Net Zero. E la società civile ha mediamente preso coscienza del problema, anche se deve cambiare mentalità sul modo in cui affrontarlo.

Il triangolo della sostenibilità per far fronte alla crisi climatica è partito e già oggi le imprese, gli Stati che ne regolano l'attività e le società civili dei vari Paesi (composte di attivisti, *opinion leader*, esperti ma anche consumatori delle aziende ed elettori) interagiscono tra loro in un modo radicalmente diverso dal passato. Alcune imprese hanno fatto da apripista e alcuni Stati (o aree sovranazionali, come l'Unione Europea con lo schema ETS) hanno fatto scelte di regolamentazione di successo. Ma l'interazione triangolare deve estendersi per cogliere nuove opportunità di innovazione e trascinare aziende, Paesi, settori industriali e consumatori ritardatari nella transizione a un'economia climaticamente sostenibile.

Nei prossimi capitoli entreremo più nel dettaglio su come ciascun vertice deve operare. Iniziando dalle imprese innovative.

7
Innovare per il pianeta, non solo per i clienti

Il contributo delle imprese alla lotta contro il cambiamento del clima: nuove startup che innovano non solo per i clienti ma per il pianeta e la mentalità che devono acquisire le imprese sostenibili

Le sfide dell'emergenza climatica sono ancora enormi e creano opportunità altrettanto enormi per le aziende che si pongono come leader e/o *fast follower* dell'innovazione per il clima. Ma devono cambiare logica e abbandonare (anche gradualmente, ma senza rimpianti, ripensamenti o riserve mentali) modelli di business che sono insostenibili per il riscaldamento del pianeta, prima ancora di essere soppiantati da modelli innovativi più *green*. Devono perciò investire con coraggio in innovazione a fronte di risultati e regolamentazioni ancora incerti.

Molti business del passato sono stati soppiantati dall'innovazione tecnologica – le pellicole della Kodak sostituite dal digitale, per esempio, – ma in tutti questi casi il destino del business vecchio è stato segnato dal successo del suo sostituto. Senza digitale useremmo ancora le pellicole. Nel caso del problema climatico, invece, i business inquinanti devono essere rimpiazzati in ogni caso: l'innovazione non è un'opportunità ma una necessità.

Per riuscire a trovare le innovazioni giuste, alle imprese serve non l'adesione ai principi ESG, ma la mentalità delle startup, focalizzate sulla risoluzione di un solo problema con soluzioni basate sull'innovazione, attraverso la quale creare nuovi business e ricchezza per i loro azionisti.

Dal risolvere i problemi dei clienti a quelli del pianeta: la lezione di Tesla e delle rinnovabili

Elon Musk e le imprese del settore delle rinnovabili come Enel non hanno rivoluzionato il settore delle automobili e dell'energia con la mentalità di «fare il proprio compitino» dell'ESG. Non sono stati processi burocratici a guidarli, ma la ricerca di una leadership innovativa all'interno del triangolo della sostenibilità per dimostrare a clienti, regolatori e imprese concorrenti che un modo diverso e innovativo di affrontare il business in maniera sostenibile per il pianeta era possibile e poteva anche essere economicamente vantaggioso. L'approccio che hanno adottato non ha avuto nulla a che vedere con il rispetto formale di decine di obiettivi sociali e ambientali attraverso le metriche ESG, e tantomeno con l'abbandono della logica del profitto: la scelta è stata imitare le startup, concentrando tutti gli sforzi manageriali su pochi risultati concreti e, a fronte di grandi rischi e difficoltà, cercando di ottenere enormi vantaggi economici, non meno profitti. Per arrivarci ci si è focalizzati su un unico obiettivo – nel caso specifico, la decarbonizzazione del pianeta –, non in una *scorecard* di decine di indicatori.

Henry Ford è stato probabilmente il più grande innovatore della storia dell'automobile del ventesimo secolo. La missione della sua azienda era chiara e orientata al consumatore: produrre automobili alla portata di tutti, essenzialmente inventando la produzione di massa. Ford rispose a un bisogno latente dei consumatori che nessuno prima di lui aveva cercato di soddisfare e il modello T rivoluzionò la mobilità di tutto il mondo. Così facendo creò un'enorme quantità di valore per i suoi azionisti e per sé stesso. E anche se oggi l'azienda è un colosso che fattura miliardi di dollari, quando nel 1903 Henry Ford la fondò era solo una startup.

Ci sono voluti cento anni perché un'altra startup rivoluzionasse di nuovo il mondo del trasporto su strada. Anche la Tesla di Elon Musk ha definito in modo chiaro la sua missione ma questa, diversamente da quella di Ford, non partiva dai bisogni della maggioranza dei consumatori, che aveva sempre preferito le auto con motore a combustione a quelle elettriche. Quando Tesla fu creata da Musk quasi vent'anni fa, la sua mission era «accelerare l'avvento della mobilità sostenibile producendo e vendendo macchine elettriche all'avanguardia». L'esigenza di sostituire la benzina con l'energia elettrica non proveniva dai consumatori ma dal pianeta. La mentalità di Musk non è stata quella di ideare una proposta vincente per gli acquirenti di automobili, come aveva fatto Henry Ford, anzi, semmai è andato controcorrente perché li ha dovuti convincere ad acquistare un prodotto che avevano smesso di considerare per cento anni. E il rapporto con il regolatore non è stato quello di allinearsi alle migliaia di norme sulla sicurezza, sulle emissioni eccetera che regolamentano gli OEM da sempre, ma quello di trascinare la regolamentazione (sulle emissioni), dimostrando che le auto elettriche potevano essere attraenti per i consumatori e vendute a prezzi accettabili, e provando a definire nuovi standard di regolamentazione sulla sicurezza grazie alle sue innovazioni nella guida autonoma. Tesla ha funzionato da vero vertice del triangolo della sostenibilità, trascinando la politica e la società civile.

Musk ci è riuscito grazie a una brillante strategia che partiva inizialmente dai segmenti premium in mercati più sensibili all'ambiente come la Norvegia e la California, per scendere gradualmente con i costi grazie alle economie di scala. E non ha sicuramente cercato di ridurre i rischi, anzi, ne ha presi di colossali, che però alla fine hanno fatto di lui uno degli uomini più ricchi del mondo e fatto guadagnare tantissimo ai suoi investitori. Altro che «superamento dello *shareholder value*»! E visto che nel suo board c'è una sola donna, oltre a essere per diversi aspetti un modello negativo di *corporate governance*, Tesla sicuramente è stata penalizzata dalle metriche ESG. Ma ciò non le ha impedito di fare molto di più per il pianeta di tante aziende con una *governance* modello.

Si dirà che sembra facile partire da zero. Ma la mentalità da startup è possibile anche in grandi aziende che esistono già e vogliono essere leader (o *fast follower*) delle triangolazioni.

Le utility campioni delle rinnovabili: giganti con la mentalità da startup

Enel, come molte imprese del settore elettrico, ha iniziato a occuparsi dello sviluppo di energia rinnovabile (eolica e solare, le due tecnologie che offrivano maggiori opportunità di crescita a fianco alle più consolidate idroelettrica e geotermica) alla fine degli anni Novanta del secolo scorso. Francesco Tatò creò la struttura di Enel Green Power, che per i quindici anni successivi rimase un «oggetto misterioso», separato dal resto di Enel, che continuava a essere una utility abbastanza tradizionale, impegnata su tutte le tecnologie di produzione e ben attenta a difendere il valore dei suoi investimenti, ancora largamente concentrati nel settore delle fonti fossili.

Fino alla nomina di Francesco Starace ad amministratore delegato dell'azienda nel 2014. Iberdrola, la utility leader delle rinnovabili, aveva già da qualche anno abbandonato il business termoelettrico e puntato sulla crescita dell'energia *green*, ed Enel decise di diventarne il primo follower. Starace ha decisamente cambiato la missione e la strategia dell'intera azienda, tagliando recisamente i ponti col passato delle fonti fossili e facendo delle fonti rinnovabili l'obiettivo del core business di Enel, concentrando tutti gli investimenti di generazione in questo settore e cambiando gradualmente il suo mix.

Non è stato facile. I mercati finanziari in un primo momento non erano molto fiduciosi. Francesco Starace racconta che «all'inizio, quando andavo ai road show con gli investitori per Enel Green Power, mi prendevano per matto, poi per loro sono diventato un genio».

Bisognava scommettere sulla *grid parity*, perché le rinnovabili non potevano costare troppo più dei combustibili fossili, altrimenti sarebbero restate un business di nicchia, e gli investimenti per entrare in nuove geografie dove c'era la possibilità di avvicinarsi a questo obiettivo cercando di assicurarsi contratti economicamente sostenibili avevano ritorni incerti.

L'impatto sociale della chiusura di impianti fossili era rilevante, come lo era il timore che la chiusura di capacità fossile potesse causare rischi di blackout sulla rete. Le comunità locali, almeno in Italia, erano in pieno NIMBY nei confronti delle pale eoliche degli impianti solari. È stato un compito complesso ma alla fine Enel è riuscita a mitigare la maggior parte degli impatti negativi della sua nuova missione, collaborando con le altre controparti della triangolazione, i governi, le comunità locali, i lavoratori e gli azionisti. Oggi le utility apripista Enel e Iberdrola non sono più certo le uniche a essere focalizzate sulle rinnovabili e in interi continenti come l'Europa e il Sud America i nuovi impianti fossili sono un ricordo del passato.

I problemi del clima ancora aperti creano molte altre opportunità

Nel capitolo precedente abbiamo descritto una lunga lista di problemi ancora aperti relativi all'emergenza climatica. Ognuno di essi a sua volta apre enormi opportunità per imprese innovative con la giusta mentalità, che possono diventare attori importanti del triangolo della sostenibilità.

Uno dei settori con maggiori opportunità è quello

dell'immagazzinamento dell'energia, che sta attirando i produttori innovativi da settori molto diversi, come Tesla e gli altri produttori di auto a batteria.

Come abbiamo visto, la transizione alle rinnovabili crea una crescente esigenza di immagazzinamento dell'energia prodotta in eccesso durante le ore di sole e molto vento, e l'esigenza cresce a mano a mano che l'energia rinnovabile aumenta e non si potrà contare più sul fossile o sull'energia idraulica di notte o quando il vento cala.

La tecnologia più consolidata oggi è basata sulle batterie, concettualmente non diverse da quelle che si usano per le auto elettriche. Non deve stupire che un'impresa innovativa nel settore dello stoccaggio dell'energia sia proprio Tesla. Lo aveva capito anni fa Elon Musk e i fatti gli stanno dando ragione: il mercato sta letteralmente esplodendo e McKinsey stima che arriverà a 150 miliardi di dollari entro il 2030.

Ma non c'è solo Tesla: nel mercato sono entrate anche altre grandi aziende che provengono dal settore delle auto elettriche, come la cinese BYD, che vedono nello storage per le energie rinnovabili un'altra opportunità di business. E ci sono anche ex startup come Fluence, una nuova società creata da Siemens e dalla utility americana AES per sfruttare le opportunità dello storage mettendo assieme le migliori competenze dei due partner. E poi l'italiana NHOA, fondata da Carlalberto Guglielminotti, di cui parleremo più avanti. In un settore economico caratterizzato da molte sfide ancora aperte – aumento dell'autonomia e riduzione del peso e del costo delle batterie – le opportunità per le startup e le unità innovative all'interno delle grandi imprese sono enormi.

Quello delle batterie è un settore dove si assisterà a una grande trasformazione della dinamica competitiva perché Stati Uniti ed Europa devono ridurre la dipendenza dalla produzione cinese, che controlla più del 60% del mercato mondiale (6 dei primi 10 produttori sono cinesi, tra cui BYD, CATL e Gotion). In Europa si iniziano a vedere nuovi nomi che puntano a contendere ai produttori di automobili la leadership nella produzione di batterie nei prossimi decenni: dalla svedese NorthVolt alla tedesca BMZ; dai francesi di Saft all'olandese Accure. Tutti produttori di batterie per auto elettriche e, spesso, anche di sistemi di accumulo per reti elettriche.

Attorno a loro ruotano startup di tutti i generi specializzate su singole tecnologie presenti all'interno della batteria, il cui costo, si stima, potrà scendere di un altro 80% entro il 2030, continuando il trend degli ultimi anni. Queste startup lavorano su componenti innovativi: alcune cercano di ridurre o azzerare il cobalto, altre di sostituire il litio con altri elementi come il sodio, altre ancora puntano su materiali rivoluzionari come il 3D Graphene per sostituire nickel, cadmio, cobalto e manganese. Nel 2023 la startup americana Lyten ha raccolto 200 milioni di dollari da *venture capitalist* per la sua tecnologia di 3D Graphene per le batterie litio-zolfo.

Poi ci sono startup che innovano nella tecnologia per misurare la «salute» di una batteria, altre che brevettano robot per le fabbriche che le producono, e altre ancora che studiano l'utilizzo di materiali organici. C'è poi il mondo del riciclo delle batterie, un gigantesco problema da risolvere, e anche qui stanno nascendo centinaia di startup. Gli Stati Uniti sono una fucina di startup anche in questo settore: Battery Resources, dal 2022 ridenominata Ascend Elements, è specializzata nel riciclo di batterie e ha ricevuto 1,5 miliardi di dollari da fondi di *venture capital*.

Tutte queste aziende scommettono che la rivoluzione dell'auto elettrica e dello stoccaggio di energia rinnovabile presto sarà realtà. E, d'altra parte, con la loro innovazione aiutano a produrre batterie che costano meno, che durano di più e che usano materiali che non dipendono da catene di fornitura troppo concentrate in Cina. E così i problemi del costo, del peso, dell'autonomia (e della geopolitica) dell'auto elettrica e delle rinnovabili possono diventare meno pressanti. E la loro scommessa può rivelarsi vincente.

Nel capitolo precedente abbiamo anche parlato dell'esigenza di ridurre le emissioni dei settori *hard to abate* e abbiamo spiegato come le scelte tecnologiche sono ancora aperte e che vinceranno le aziende più innovative. Tra idrogeno, cattura della CO_2 e fabbriche elettriche, il triangolo della sostenibilità sarà avviato da startup innovative o da grandi aziende che si comportano come tali e che dimostreranno che «si può fare», aprendo la strada agli altri vertici del triangolo, soprattutto alla politica.

Nel caso dell'idrogeno, in Europa la corsa all'innovazione è già iniziata.

Il Nord Europa è già molto avanti nella riconversione con tecnologie a idrogeno prodotto da elettrolisi per la produzione di acciaio. In Svezia, Germania, Regno Unito e Francia le più grandi imprese siderurgiche tradizionali – ThyssenKrupp, ArcelorMittal, in alleanza con imprese elettriche come Vattenfall – stanno procedendo su questa strada. A Boden, nel Circolo Polare Artico, la startup H2 Green Steel sta realizzando la prima nuova fabbrica di acciaio in Europa dopo mezzo secolo di chiusure, che utilizzerà l'idrogeno ottenuto in loco grazie all'abbondante energia eolica e idroelettrica. A regime (nel 2030) darà lavoro a 1800 persone e produrrà 5 milioni di tonnellate di acciaio all'anno. A mezz'ora da Boden, un'altra startup, Hybrit, creata da SSAB (società svedese specializzata nella produzione di acciaio), LKAB (il maggiore produttore di ferro europeo) e Vattenfall (una delle più grandi compagnie elettriche europee) stanno lanciando un progetto pilota di un processo simile. In altre parti del mondo si stanno sperimentando altri approcci per estrarre l'ossigeno senza usare l'idrogeno ma nuove tecnologie di elettrolisi. Boston Metal – una startup americana nell'acciaio verde da processi elettrolitici finanziata da *venture capitalist*, da ArcelorMittal (primo produttore di acciaio in Europa e secondo nel mondo) e dal fondo di Microsoft per l'innovazione nel clima – si posiziona come possibile leader della rivoluzione dell'acciaio verde.

Come vedremo più avanti, la politica europea non sta lavorando efficacemente su questo tema, in termini sia di incentivi sia di regolamentazione, ma il vertice delle startup innovative è al lavoro. Una piattaforma che, con *data analytics* e intelligenza artificiale (IA), analizza 3 milioni e 800.000 startup e scaleup in tutto il mondo ne ha identificate già 630 impegnate nella cattura della CO_2, dislocate in prevalenza negli Stati Uniti e in Europa.

Nel mondo dell'acciaio, una tecnologia alternativa al ciclo integrale, dove l'Italia è fortissima, è quella del forno elettrico, particolarmente vantaggiosa perché ricicla il rottame che viene poi fuso in forni elettrici, generando un doppio vantaggio: processi che emettono meno CO_2 rispetto all'acciaio convenzionale, e riciclo del rottame. La tecnologia è in evoluzione e l'italiana Danieli ha lanciato un forno rivoluzionario chiamato Digimelter che permette un controllo completamente digitale delle attività.

Non solo. È in corso un gigantesco ridisegno dei centri di raccolta di auto da rottamare che, da grandi parchi cimitero dove i meccanici cercavano pezzi di ricambio e dove le presse schiacciavano i veicoli, oggi si stanno riconvertendo in linee di assemblaggio «al contrario»: arrivata l'auto da rottamare, i tecnici selezionano i componenti ancora validi, ripuliscono i rottami dall'olio e dai gas dell'aria condizionata, valutano quali parti vengono ricondizionate e quali vanno alla pressa – il tutto seguito da sofisticati modelli informatici. Anche qui stanno nascendo grandi società professionali che ambiscono a trasformare il business tradizionale degli sfasciacarrozze e a soppiantare il personale senza competenze dei vecchi parchi cimitero. Per esempio LKQ, un rottamatore di Chicago, possiede già 170 parchi e rottama 700.000 vetture all'anno.

Alcune imprese innovative puntano a imitare Tesla anche nell'agricoltura: rendere sostenibile il settore – responsabile, come dicevamo, del 25% delle emissioni di gas serra nel pianeta oltre che di gravi problemi di deforestazione, soprattutto in America Latina – richiede la risoluzione di problemi in diverse direzioni, ognuna delle quali oggetto di interesse e ricerca da parte di startup. L'obiettivo è rendere sostenibile l'agricoltura attraverso tecnologie che riducano le emissioni, soddisfacendo al contempo una domanda di cibo in continua crescita. Al tempo stesso è necessario ridurre l'enorme quantità di scarti alimentari (30%), e provvedere alla sostituzione delle proteine animali mantenendone il gusto. L'ex startup israeliana Netafim ha sviluppato e perfezionato l'irrigazione goccia a goccia, e decine di altre startup stanno lavorando su sistemi avanzati di irrigazione. L'indiana GreenPods ha ideato una tecnologia basata sugli imballaggi nano-attivi che possono estendere la *shelf life* di un prodotto fresco come la frutta e la verdura, e così ridurre gli scarti. In Germania sono nate una gran quantità di startup nel mondo delle proteine alternative, tra cui ProteinDistillery, che estrae le proteine dal residuo del lievito di birra per trovare ingredienti da offrire a imprese del settore alimentare interessate a proteine alternative a quelle animali. La lista delle startup che producono proteine vegetali è impressionante: la più nota è l'americana Beyond Meat, con cui si è alleata nientemeno che McDonald's per avere tra i suoi prodotti l'hamburger vegetale (pochi sanno che dal 2012, in India, McDonald's opera con ristoranti che vendono solo hamburger vegetali). In Israele dal 2015 la startup SuperMeat produce carne di pollame utilizzando processi senza cellule animali, mentre la canadese Entomo Farms è specializzata nella coltivazione su larga scala di insetti, poi utilizzati per la produzione di cibo.

L'innovazione può arrivare da ogni parte del mondo

In molte di queste innovazioni gli Stati Uniti stanno già facendo la parte del leone e Silicon Valley continua a essere una fucina di startup della sostenibilità, come lo è per il digitale e il biotech (per esempio, ha sede a San Francisco Aurora Solar, considerata la miglior azienda nel settore del software per l'energia solare: la sua piattaforma è già stata utilizzata in dieci milioni di progetti di solare e ha raccolto in poco tempo 500 milioni di dollari da *venture capital*). A scorrere la lista delle più promettenti startup nel *climate change* si trovano molti nomi con sede sempre negli Stati Uniti, anche lontano dalla California. Come AMP Robotics, che ha raccolto 180 milioni di dollari per la sua tecnologia che utilizza IA e robotica sui sistemi di riciclo e che ha sede in Colorado, e altre come TerraCycle e PureCycle, la prima in New Jersey e la seconda a Orlando, in Florida.

E poi non ci sono solo gli Stati Uniti.

Israele, un Paese con meno di 10 milioni di abitanti, è stato battezzato *startup nation* per la sua capacità di sfornare un gran numero di realtà innovative che in pochi anni sono state quotate al Nasdaq e sono diventate «unicorni» (ovvero startup che hanno raggiunto un valore superiore al miliardo di dollari). Israele è noto per l'innovazione nel software, nella cybersecurity, nel biomedicale, nella guida autonoma (la startup Mobileye è stata venduta a Intel per 15 miliardi di dollari), ed è da tempo al lavoro per sfruttare le opportunità della sostenibilità. Ci sono circa 500 startup al lavoro nel solare, nell'agritech, nelle tecnologie per disinfettare l'acqua e riciclarla e per sostituire la plastica con materiale di riciclo urbano; realtà che ogni anno si cimentano in SustainIL, una competizione tra startup che innovano nella sostenibilità.

L'Europa è sempre stata in ritardo nei confronti degli Stati Uniti, ma il *climate change* è un'opportunità per recuperare, facendo leva su alcune forze tradizionali del Vecchio continente come l'attività manifatturiera e la logistica. Il settore automobilistico, la manifattura e l'ingegneria sono da sempre settori di forza della Germania e non stupisce che ci siano centinaia di startup tedesche, di cui alcune molto promettenti, nel settore delle tecnologie delle batterie per auto elettrica. Lo stesso avviene se si cercano startup nell'agritech in Francia, Paese attivissimo nel settore delle tecnologie per la coltivazione sostenibile, per rendere l'agricoltura meno dipendente dai fertilizzanti e dai pesticidi: sensori avanzati per migliorare le conoscenze agronomiche dei contadini; IA e software per capire le interrelazioni tra piante, animali, terreni e microorganismi; tecnologie avanzate per l'acquacoltura eccetera.

E poi c'è l'Asia che, a parte le ex startup cinesi nelle auto elettriche e nei pannelli solari, mostra un'esplosione sia di startup sia di innovazione nelle grandi aziende, anche fuori dalla Cina. Decine di nuove realtà, per esempio, sono dislocate a Singapore, tra cui una delle più promettenti, Solar AI Technologies, che utilizza l'intelligenza artificiale per rendere meno difficile e onerosa l'installazione di piccoli impianti solari sui tetti di piccole case. A Taiwan ci sono decine di startup nel clima, tra cui E-rim Technology, che trasforma le biciclette normali in e-bikes, e tante altre attive nella tecnologia dello storage. Anche il Giappone vanta una grande quantità di startup impegnate su questi fronti: nell'agritech c'è Tenchijin, che identifica i luoghi migliori per coltivare qualunque tipo di coltura utilizzando satelliti, droni e IA. Inoltre, la grande tradizione nipponica nel settore automobilistico crea una domanda di innovazione per recuperare la leadership mondiale persa nei confronti della Cina, e il settore delle batterie è l'area dove la sfida è più aperta. In questo senso, l'innovazione giapponese è quasi tutta orientata alla nuova generazione di batterie che sostituirà quelle al litio. 3Dom, per esempio, ha l'obiettivo di mettere in commercio entro pochi anni una batteria solo al litio che aumenta la capacità di immagazzinamento; AC Biode è una startup di Kyoto che utilizza corrente alternata anziché continua (garantendo una durata del 30% superiore rispetto a una batteria tradizionale). C'è una discreta probabilità che la prossima Tesla nel mondo dell'emergenza climatica sia un'ex startup tedesca, israeliana o taiwanese.

Sono mille i problemi che ancora oggi rallentano la transizione a un'economia a basse emissioni, rendendo le alternative verdi più costose di quelle fossili (come avviene per l'idrogeno), più difficili o scomode da usare (come accade per la ricarica dei veicoli elettrici) o semplicemente meno attraenti per i consumatori (com'è il caso dei cibi a base vegetale). Ma come ci si arriva? Con mentalità, processi e uno stile di leadership nuovi, sicuramente non con l'ESG.

La mentalità da startup dell'emergenza climatica

Le startup del clima hanno un approccio alla strategia e all'organizzazione non dissimile da quello delle startup tecnologiche che hanno sempre innovato il mondo del business. Le logiche organizzative e i processi sono gli stessi, e sono ben diversi da quelli dei loro concorrenti *incumbent*: per esempio, Tesla sviluppa le sue auto in modo molto più simile a un'azienda di software che a una automobilistica, e non le vende attraverso i classici concessionari, ma solo nei suoi (pochi) negozi di proprietà o direttamente online. Ma anche qui, se da un lato c'è molto di nuovo per il settore automobilistico, dall'altro è un film già visto nell'e-commerce, nei new media e nel biotech. Le startup sono state sempre radicalmente innovatrici nell'approccio, come si dice in gergo *disruptive*.

Le startup del clima, dunque, sono simili a quelle del passato, tranne che per un aspetto: il loro «vero» cliente non è il consumatore che compra il prodotto, ma il pianeta. Questo concetto ha implicazioni pratiche molto precise sulle scelte di sviluppo del prodotto e della sua commercializzazione. Una di queste ha a che fare con il lancio di prodotti che, dal punto di vista del cliente-consumatore, sono decisamente non ottimali per molti aspetti, tranne, ovviamente, per quello che li rende una soluzione ai problemi del pianeta.

È diventata leggendaria l'attenzione maniacale che veniva dedicata da Steve Jobs a ogni elemento del design dei prodotti Apple, che dovevano risultare perfetti da ogni punto di vista: l'aspetto esteriore, il packaging, i negozi, la semplicità dei comandi, la sicurezza, tutto in un prodotto Apple doveva (e deve) essere superiore alle attese del cliente più esigente. Anche Jeff Bezos ha portato in Amazon quella da lui chiamata «l'ossessione per il cliente»: tutto deve funzionare alla perfezione, per l'acquisto dev'essere sufficiente un solo click, la consegna avvenire anche nella stessa giornata. Quando un cliente si lamentava, Bezos chiedeva ai suoi manager di prendersi in carico la cosa e risolverla in poche ore. Per le startup di grande successo, il cliente-consumatore è il centro del mondo.

Non è stato così per Tesla: c'era un solo modello (bello caro), la qualità delle sue prime auto lasciava un po' a desiderare e i processi produttivi zoppicavano già alla soglia delle centomila vetture all'anno, tanto che molti commentatori rilevavano come l'azienda avesse parecchio da imparare dagli *incumbent* del settore, ovvero le case automobilistiche come Toyota, che producevano milioni di vetture con un livello di qualità ottimo. La semplicità d'uso per il cliente, con le colonnine di ricarica a macchia di leopardo, era certamente un miraggio. Col tempo Tesla ha molto migliorato questi aspetti, aumentando l'autonomia delle vetture e beneficiando della maggiore diffusione delle colonnine, mettendo a posto la produzione e sviluppando più modelli, anche più economici. Ma ha scelto di farlo *dopo* essere entrata sul mercato, contando sul fatto che i suoi primi clienti le avrebbero perdonato i difetti. Perché per questi clienti, tra un'auto elettrica e una a benzina non c'era partita, e il pianeta non poteva aspettare.

Anche Beyond Meat e tutti i produttori di cibo proteico vegetale hanno un prodotto che non è granché, confrontato alla carne: costoso, privo della giusta consistenza (infatti è offerto solo in forma di polpetta) e carente anche sul piano del sapore. A oggi, non è affatto detto che riusciranno a superare i problemi come Tesla, però non hanno avuto timore di cimentarsi con il mercato.

Il mondo delle rinnovabili ha visto aziende anche molto grandi affrontare il business dell'energia con una mentalità da startup. E il cambiamento è stato ancora più radicale. Perché è ovvio che assumere questa mentalità sia molto più facile per una startup che parte da zero rispetto a quanto non lo sia per una grande azienda che si trova a dipendere da un business fortemente influenzato dalla transizione. Creare una mentalità da startup all'interno di un'organizzazione tradizionale non è semplice.

Il primo concetto da mandare in pensione è quello della difesa a oltranza dei business insostenibili. Tutte le aziende che affrontano una transizione hanno, per definizione, una parte del business legato alla crisi che causa problemi al pianeta o alla società, che rischiano di peggiorare sempre di più se non vengono risolti. Una gestione prudente e tradizionale del rischio suggerisce di difendere il business che genera cassa fin quando la legge lo permette, o è compatibile col mantenimento della reputazione aziendale, o si trova un acquirente al quale venderlo. Nel frattempo, sembra saggio non raccontare in giro che c'è un problema, resistere a tutte le regolamentazioni che potranno mettere in crisi il business o aumentarne i costi, anche in futuro, e dichiarare che si tratta di un gioiellino messo in vendita solo perché la strategia è cambiata.

Nel caso della crisi climatica queste tattiche, che hanno spesso un fondamento in un saggio pragmatismo, nel caso della crisi climatica rientrano nella categoria dei problemi di insostenibilità che, se non vengono risolti oggi, non spariranno domani, ma peggioreranno. Se si investe in un business ad alte emissioni, il rischio che quegli investimenti vadano persi è crescente. I settori dell'economia che hanno investito poco nella decarbonizzazione, perché non rientravano nel primo gruppo a cui si applicava l'obbligo di procurarsi i certificati a pagamento per la CO_2, erano inizialmente contenti di evitare sia gli investimenti, sia il costo di quei permessi, che nei primi anni di funzionamento del mercato europeo viaggiava tra i 10 e i 20 euro per tonnellata. Tuttavia, oggi che devono iniziare a comprarli affrontano un costo dieci volte più alto, e una transizione indolore diventa sempre più difficile.

Anche all'interno dell'azienda la gestione del rischio tradizionale – con la difesa a oltranza del passato verso l'esterno e il lavoro per la transizione dietro le quinte – blocca in modo drammatico il cambiamento culturale necessario.

Questi concetti erano ben chiari a Enel quando ha dovuto cambiare radicalmente strategia a partire dalla nomina di Starace. Una delle prime cose che il nuovo amministratore delegato fece fu di rivedere drasticamente la *pipeline* dei progetti di sviluppo. Enel contava allora diversi progetti di sviluppo di grandi centrali a combustibili fossili o di grandi bacini idroelettrici, anch'essi a elevato impatto ambientale e climatico, soprattutto in Sud America, l'area di mercato in cui la domanda elettrica era prevista in maggiore crescita.

L'investimento su questi progetti era stato spesso significativo, in termini di progettazione, studi ambientali, valutazioni economiche. Le prospettive, ai prezzi storici dell'energia, apparivano anche interessanti. L'atteggiamento generale del management era di mantenere questi progetti in portafoglio, sperando che le disponibilità finanziarie del gruppo permettessero un loro rilancio.

Questo quando i progetti si valutavano con lo sguardo rivolto al passato. La riduzione del costo delle rinnovabili avrebbe di lì a poco determinato un vero e proprio crollo dei prezzi a cui l'energia veniva venduta nelle aste governative diffuse in molti Stati della regione. In alcuni Paesi come il Cile il prezzo scese in pochi anni del 60%. Anche i costi di realizzazione nei progetti a maggiore impatto si rivelavano pieni di insidie. Le compensazioni impreviste in Colombia valevano oltre il 50% di aumento del costo. La ricerca di progetti con gallerie sotterranee particolarmente lunghe (per risultare meno invasivi in superficie) portava rischi enormi. In un anno o due, l'intera *pipeline* di nuovi progetti termoelettrici e idroelettrici di grande taglia venne portata a zero.

Ma se la mentalità da startup per affrontare la crisi climatica è diversa da quella delle aziende tradizionali, è anche totalmente diversa da quella di molte aziende che seguono il nuovo mantra ESG.

La startup ragiona in maniera opposta rispetto alla cultura ESG

Le imprese e la finanza che seguono i processi ESG si preoccupano prima di tutto dei rischi che corrono di tipo sia regolatorio sia sociale se non comunicano metriche ambientali e sociali «accettabili». Le startup del triangolo sono invece alla ricerca delle opportunità, scommettono su un'idea e prendono dei rischi, ma a fronte di grandi possibilità di guadagno.

Lo spirito con cui le imprese affrontano l'ESG è spesso quello buonista della responsabilità sociale d'impresa, dietro il quale cova l'ideologia dello *stakeholder capitalism*, secondo cui l'impresa non deve pensare ai profitti, o deve almeno condividerli (*shared value*) con il pianeta e la società. Lo spirito delle startup e delle imprese innovative del triangolo di sostenibilità è creare un'enorme quantità di valore per i loro azionisti. Dal

2015 la decarbonizzazione ha fatto nascere 6 «decacorni» (ovvero aziende che valgono 10 miliardi di dollari o più) e 135 «unicorni», che sicuramente non sono il prodotto di uno spirito anti *shareholder capitalism*. Gli evangelisti dello *stakeholder capitalism* e dell'ESG ritengono che il core business dell'azienda resti il suo cliente di sempre e che gli utili debbano essere condivisi con il pianeta e la società. Le startup del clima vedono il pianeta come il loro cliente che può consentire grandi profitti.

Avere una mentalità da startup significa anche anticipare il comportamento dei regolatori e dei consumatori che oggi non sono evidenti, ma potrebbero arrivare. Vuol dire avere la capacità di trascinare con sé concorrenti nella triangolazione, diventando in questo loro partner, ma continuando a competere furiosamente. Ma, soprattutto, vuol dire avere una grande capacità di sfruttare e comprendere le discontinuità tecnologiche che nei prossimi dieci, vent'anni renderanno possibile la transizione energetica e che già si intuiscono oggi.

L'enfasi dei processi ESG è sul *box ticking* burocratico di adempimenti richiesti dal regolatore, quella delle startup è sulla capacità di anticipare la regolamentazione e, al limite, di influenzarla come hanno fatto Tesla e le aziende di fonti rinnovabili. E l'influenza non è esercitata attraverso le tradizionali lobby, ma grazie alla dimostrazione che l'innovazione può contribuire a salvare il pianeta se è seguita dalle regolamentazioni e dagli incentivi giusti. Le metriche dei processi ESG sono molteplici, spesso guidate dai 17 obiettivi di sostenibilità dell'ONU. Le startup e le imprese innovative si focalizzano su un solo problema da risolvere, e su questo investono il talento. Le competenze dei processi ESG sono la *compliance*, il legale, e quella, sempre più richiesta ma ancora poco definita, della sostenibilità. Le startup del clima puntano sulla strategia, sulla tecnologia e sullo spirito imprenditoriale.

La gestione dei rischi derivanti dalla crisi climatica può essere altrettanto importante che il saperne cogliere le opportunità. Gestire bene i rischi ed evitare i problemi è senz'altro meglio che cascarci dentro, come dimostrano il signor Toyoda e la Fiat nel caso dell'emergenza climatica. Ma anche nella gestione dei rischi le aziende devono cambiare la mentalità con cui affrontano le crisi che nascono dalla mancanza di sostenibilità del loro business, tagliando quelli rischiosi ben prima che possano portare ad azzardi economicamente troppo gravi e investendo nell'innovazione per trovare nuovi modelli sostenibili per il loro business quando ancora non esistono.

Un altro altrettanto grave pericolo è focalizzarsi sui processi e sugli indicatori tradizionali di rischio, perché questi sono basati sul passato, e i rischi gravi, da bollino rosso, del futuro saranno diversi. La cosa non migliora molto se agli indicatori tradizionali si sostituiscono le metriche ESG, perché il passaggio da un indicatore di sostenibilità poco brillante a un rischio quantificabile a fronte del quale investire risorse finanziarie specifiche è tutt'altro che lineare.

Prendiamo il caso delle assicurazioni e del cambiamento climatico. Il riscaldamento globale, come si sa, aumenta il rischio di uragani, alluvioni, incendi e altre disgrazie. I danni pagati ai proprietari di beni esposti a questi rischi crescono. Le assicurazioni più sofisticate stanno aggiornando i loro modelli statistici incorporando le previsioni di maggiore frequenza e gravità degli eventi meteo e degli incendi. L'aumento dei costi che ci si attende a mano a mano che il clima si surriscalda viene passato ai clienti sotto forma di aumento dei premi. Fin qui sembra che il tutto possa risolversi in un fatto tecnico, gestibile all'interno delle normali procedure, ma quando il quadro si allarga a considerazioni più di lungo termine, legate alla strategia delle compagnie, le domande diventano più complesse e la speranza di trovare risposte semplici in un modello statistico scompaiono rapidamente. Quali saranno i mercati che potranno sopportare gli aumenti di prezzo e quali quelli in cui la posizione delle compagnie diverrà sempre meno redditizia? C'è la possibilità che in alcuni mercati oggi poco assicurati il peggioramento del rischio apra nuove opportunità agli assicuratori? C'è il rischio che in altre situazioni in cui i costi divengono insostenibili siano i governi a intervenire alterando le dinamiche di mercato?

Purtroppo, sfruttare con successo le opportunità della crisi climatica è molto più difficile che contenere il rischio, e per questo chi ci riesce aumenta enormemente il valore per i suoi azionisti. Anche il rischio deve essere affrontato in modo innovativo. Un'impresa produttrice di combustibile fossile può dedicare la maggioranza dei suoi sforzi opponendosi alla decarbonizzazione attraverso le lobby, finanziando il negazionismo climatico, o può abbracciare la transizione, come sembrano aver fatto compagnie come l'americana Occidental Petroleum ed Exxon, che stanno investendo significativamente nella cattura di CO_2, o aziende europee come ENI, che si è posta l'ambizioso obiettivo di azzerare entro il 2050 le emissioni nette derivanti dai suoi prodotti, diventando così, tra le aziende petrolifere, *fast follower* nella triangolazione. Un'impresa può anche non opporsi totalmente e muoversi «un po' alla volta», sperando di investire il meno possibile prima che la *disruption* si fermi e la politica cominci a ragionare, come hanno fatto molti produttori automobilistici, tra cui Fiat e Toyota, con le auto ibride, e intanto definire Tesla un «prodotto della politica e non dei progettisti», come fece un manager di un costruttore europeo. Nell'opporsi con tutte le sue forze all'auto elettrica, il signor Akio Toyoda intendeva chiaramente ridurre i rischi reali che questa rappresentava per la sua azienda (investimenti inizialmente difficili da ripagare, dipendenza dalla Cina per le batterie eccetera). Ma intanto i cinesi sono stati dei *fast follower* e ciò è costato caro all'azienda e allo stesso Toyoda.

Davanti al cambiamento climatico, gestire il rischio di una crisi planetaria senza pregiudicarsi l'opzione di essere un *fast follower* quando arriva la Tesla di turno è già un compito arduo. Avere il coraggio di essere un vincente nella corsa competitiva verso la sostenibilità del pianeta, per una società già grande che non è una startup, è ancora più difficile. Creare nuove unità organizzative che abbiano la cultura di una startup, come ha fatto Enel, può aiutare. Anche allearsi con delle startup come ha fatto McDonald's con Beyond Meat può sicuramente facilitare la transizione. Ma entrambe le soluzioni non sono facili e richiedono un grande salto nella leadership e nel governo delle imprese. Alla fine vinceranno le aziende migliori, che non saranno quelle con i massimi punteggi nelle metriche ESG. Se innovazione, visione e coraggio imprenditoriale sono essenziali per diventare un'impresa vincente, la sfida per il pianeta non può essere vinta senza trasformare anche le altre, quelle che all'inizio restano indietro. Ed è qui che assume un ruolo chiave il secondo vertice del triangolo della sostenibilità.

8
Politici e regolatori: il vertice del triangolo che deve cambiare di più

Il ruolo della politica: le COP dell'ONU non bastano. I tre grandi del mondo – USA, Europa e Cina – devono pensare in modo globale e finanziare i Paesi meno ricchi e, al loro interno, creare incentivi e normative più smart

Le imprese innovatrici nelle fonti rinnovabili e Tesla hanno avviato il triangolo della sostenibilità per la transizione energetica. Altre sono al lavoro sulle tecnologie che affrontano le decine di problemi che ancora rimangono da risolvere per decarbonizzare il resto dell'economia, dal riscaldamento delle case all'industria pesante, all'agricoltura.

Eppure, il vertice delle imprese innovative servirà a poco se un altro vertice, quello degli Stati che decidono le politiche economiche, non riuscirà a fare un vero salto di qualità.

Fino a oggi i governi e i regolatori indipendenti, come la nostra Autorità dell'Energia, hanno avuto una vita relativamente facile. Gli incentivi che hanno erogato, anche quando sono stati accusati di far aumentare molto i costi delle bollette, sono rimasti su livelli decisamente sostenibili per l'economia nel suo complesso. Per esempio, i consumatori italiani di energia pagano come incentivo alle rinnovabili una somma pari a circa lo 0,5% del PIL: grande, ma ancora lontana dalle stime di ciò che serve a decarbonizzare del tutto l'economia italiana. Anche sul fronte delle proibizioni, come la messa fuori legge dei prodotti troppo inquinanti, se la sono cavata con poco. Certo, i sacchetti di plastica monouso oggi devono essere compostabili e sono quindi meno robusti dei vecchi sacchetti che dovevano andare in discarica o essere inceneriti, ma i consumatori non hanno fatto rivolte per questo.

Adesso, tuttavia, la faccenda si complica, perché incentivi così generosi come quelli erogati a inizio secolo per il fotovoltaico non possiamo permetterceli su grande scala, se vogliamo attaccare grandi settori dell'economia e non solo il 2% dei consumi di energia che oggi produciamo col fotovoltaico. Dobbiamo quindi sfruttare con più intelligenza la riduzione del *green premium*.

Inoltre, le politiche degli Stati devono agire in modo molto più globale di quanto non facciano oggi con le COP dell'ONU, dove si limitano a raccontare cosa fanno (o faranno) a casa loro e si accordano su volumi di investimenti per i Paesi poveri davvero modesti. Per i Paesi ricchi decarbonizzare solo a casa propria è terribilmente inefficiente da un punto di vista economico. La CO_2 emessa in India e Africa riscalda l'atmosfera in Francia e negli Stati Uniti. Si otterranno risultati più in fretta e con meno spesa se i Paesi più ricchi aumenteranno molto i sussidi per quelli più poveri, e questo avverrà solo con un accordo fra i tre grandi del mondo: Stati Uniti, Unione Europea e Cina.

Questo accordo non può però prescindere da politiche in queste tre regioni chiave del mondo che incentivino quel tanto che basta le tecnologie più mature e mettano in competizione tra loro quelle emergenti, oltre a investire nelle infrastrutture necessarie per il loro utilizzo diffuso, facilitando l'enorme riconversione industriale che attende settori come quello dell'automobile. Le politiche devono resistere a rigurgiti protezionisti contro i cinesi e incentivare gli investimenti privati che costano meno alle finanze pubbliche. Le politiche economiche più efficienti a livello globale hanno bisogno di una politica profondamente diversa da quella di oggi, cosa non facile.

Anche all'interno delle singole economie più sviluppate gli Stati devono cambiare le loro politiche, rendendole più smart, per esempio investendo di più per favorire lo sviluppo di nuove soluzioni nei settori *hard to abate* e trovando le giuste formule di incentivo per far adottare le soluzioni *green* ai loro consumatori.

Come attaccare il green premium globale

Come abbiamo visto nel capitolo 4, il *green premium* è oggi ancora troppo ampio nei Paesi in via di sviluppo e mancano le risorse per ridurlo con incentivi totalmente a carico degli abitanti.

Il problema del riscaldamento è ovviamente un problema globale, e la logica «ogni paese faccia la sua parte» ha dei limiti colossali. Senza ridurre le emissioni dei Paesi in via di sviluppo, lo sforzo nei Paesi sviluppati non realizzerà mai il Net Zero. Il caso dell'India è assolutamente emblematico in questo contesto.

L'India è oggi il terzo più grande emettitore di gas serra e uno dei due grandi campioni del carbone (assieme alla Cina), che alimenta i tre quarti della sua produzione di energia. Mentre a Dubai, durante la COP28, anche Narendra Modi approva il «*transitioning away from fossil fuels*», il suo Paese sta costruendo 39 nuove centrali a carbone. Non è che non ci siano le idee e le iniziative per un'India più verde: Modi si è impegnato a ridurre le emissioni di CO_2 di un miliardo di tonnellate entro il 2030 e a triplicare gli investimenti in fonti rinnovabili. Per farlo sono state ideate soluzioni creative per garantire gli acquisti di energia attraverso soggetti finanziariamente più affidabili delle società elettriche, per la maggioranza fallite e impossibilitate a garantire il pagamento dell'energia che preleveranno. Il governo indiano inoltre dichiara a gran voce che l'India punta sull'«idrogeno verde» come combustibile per decarbonizzare la produzione industriale dell'acciaio, industria di punta nazionale. Il Paese può contare su una brillante classe di imprenditori che vedono nella rivoluzione verde una grande opportunità di business. Il Gruppo Adani ha una divisione *green energy* che è già un concorrente di Enel e Iberdrola nel mercato mondiale delle rinnovabili.

La sfida è formidabile, e a testimoniarlo sono i tempi che l'India si è data per raggiungere l'obiettivo di azzeramento delle emissioni nette: non prima del 2070. Probabilmente troppo tardi per il mondo. Ma con le risorse che ha, difficilmente il Paese può fare di più.

Come l'India, anzi peggio, sono messi i Paesi più poveri del mondo: molti Stati dell'Africa centrale non hanno le risorse per sfamare la povertà energetica dei loro abitanti, figurarsi per sobbarcarsi i costi della transizione. Ben diversa è ovviamente la situazione nei Paesi più ricchi. L'Europa, per esempio, oggi è responsabile solo dell'8% delle emissioni mondiali, con un'economia che vale il 16% del PIL globale, e non avrà grandi problemi. Gli Stati Uniti, tra i maggiori emettitori su base pro capite, fanno il 13% delle emissioni ma hanno il 25% del PIL e si trovano quindi in una situazione simile. L'India invece contribuisce per il 7% delle emissioni con solo il 3% del PIL, un rapporto più di due volte maggiore della media mondiale e quattro volte più alto di quello dei Paesi ricchi. L'India quindi emette, in proporzione al suo reddito, una quantità di CO_2 quattro volte più alta di quella dei Paesi ricchi. Per arrivare al Net Zero con i loro stessi tempi, l'India e gli altri Paesi poveri dovrebbero quindi spendere una percentuale del loro PIL quattro volte più alta. Pretendere che lo facciano per risolvere un problema creato in gran parte dal mondo occidentale non è solo ingiusto, ma anche totalmente velleitario.

In passato il protocollo di Kyoto aveva previsto la possibilità per le aziende emettitrici di CO_2 dei Paesi firmatari (in genere ricchi) di acquisire crediti da altre aziende nei Paesi che non avevano firmato il protocollo (in genere poveri), quando queste ultime avevano dei progetti di riduzione delle emissioni, allo scopo di finanziare la transizione nei Paesi più poveri. Questi acquisti venivano regolati con degli schemi chiamati Joint Implementation e Clean Development. Un'azienda che comprava i certificati all'estero poteva utilizzarli in patria al posto dei certificati di emissione che il suo Paese gli imponeva di comprare, e spesso risparmiava.

Lo schema, già entrato in crisi attorno agli anni Dieci di questo secolo (nel 2012 l'«Economist» lo definì un «completo disastro»), è stato ufficialmente cancellato nel 2020 con la fine del protocollo di Kyoto, sostituito dagli accordi di Parigi. Il problema era che i crediti dei certificati comprati non corrispondevano affatto a veri tagli delle emissioni nei Paesi poveri. Si costruiva una nuova centrale elettrica, magari a gas, in Cina, che in teoria avrebbe dovuto sostituirne una vecchia e più inquinante, e la riduzione delle emissioni veniva conteggiata come credito. Però, siccome la Cina non si era imposta alcun vincolo alla quantità totale di emissioni (come avevano fatto invece i Paesi del protocollo di Kyoto), ne costruiva molte altre, a gas, a carbone e anche un po' di rinnovabili. E così le emissioni complessive del Paese aumentavano.

È necessario che gli Stati firmatari dell'accordo di Parigi trovino un nuovo schema, stavolta più solido, per raggiungere gli stessi obiettivi. Il costo della riduzione delle emissioni è molto diverso da un Paese all'altro e una tonnellata di CO_2 risparmiata in India attraverso un impianto rinnovabile costa molto meno di una tonnellata di CO_2 risparmiata in Europa nei settori *hard to abate*. Il costo di avvicinamento al Net Zero per il mondo nel suo complesso sarebbe più basso. E, soprattutto, sarebbe molto più facile per i Paesi ricchi finanziare la decarbonizzazione dei Paesi poveri, perché un'acciaieria o un cementificio europei troverebbero più economico investire in energie rinnovabili in Asia piuttosto che produrre acciaio e carbone verde a casa propria. L'Europa e, recentemente, l'America, con i loro ambiziosi obiettivi di taglio delle emissioni, stanno già pagando per la CO_2 dell'India, ma fanno finta di non saperlo. Tuttavia, oltre a ridurre le emissioni dove costa meno per dare una bella accelerata alla decarbonizzazione, per completare il lavoro la politica dei Paesi ricchi deve risolvere un po' di problemi a casa propria.

La geopolitica delle auto elettriche

Il settore dell'auto è sempre stato al centro delle politiche industriali dei Paesi industrializzati. Costituisce una parte significativa, pur non grandissima, del PIL mondiale (circa il 2,8%) ma soprattutto concentra l'occupazione in alcuni grandi centri che ne sono diventati il simbolo: Detroit negli Stati Uniti, Wolfsburg in Germania, Toyota City in Giappone e, fino a poco fa, Torino in Italia.

La difesa di questa occupazione (o l'acquisizione di una parte di essa) è stata finora la preoccupazione principale dei governi quando si sono occupati di automobile. E la polemica tra Carlos Tavares, amministratore delegato di Stellantis, e il governo italiano a inizio del 2024 dimostra che questa preoccupazione tiene ancora banco, anche quando si parla di transizione all'elettrico. Tavares ha detto che in assenza di sufficienti incentivi per le auto elettriche sul mercato italiano, le fabbriche ex Fiat in Italia sono a rischio. Una buona percentuale dei 14 milioni di lavoratori dell'industria automobilistica mondiale è impiegata nella produzione di motori e di componenti delle auto con motore a combustione interna, e dovrà riconvertirsi: in parte nella produzione di batterie e motori elettrici, in parte, inevitabilmente, in altri settori dell'economia. Un numero di per sé non elevatissimo, perché raggiunge a stento l'1% della forza lavoro globale, ma che riguarda lavoratori sindacalizzati, concentrati ed estremamente visibili.

Il passaggio all'elettrico, tuttavia, non tocca soltanto loro, perché cambia in modo significativo le abitudini di tutti coloro che usano l'auto per spostarsi. Un numero di persone oltre cento volte più grande, che in parte ha cominciato ad abbracciare con entusiasmo la rivoluzione dell'elettrico, a partire dai consumatori mediamente più abbienti: quelli che comprano le Tesla perché sostenibili e all'avanguardia della tecnologia; quelli che vivono nei Paesi nordici; quelli che comprano l'auto elettrica come auto da città e ne hanno un'altra a benzina o diesel per i lunghi viaggi; quelli che hanno un garage con la ricarica, a casa o al lavoro.

Per convincere tutti gli altri consumatori, che sono la maggioranza e che non vogliono pagare di più se non sono costretti, gli Stati dei Paesi più ricchi devono fare di più. Le auto elettriche sono ancora più care di quelle a combustione interna. I Paesi europei hanno annunciato la messa al bando di queste ultime a partire dal 2035, nella speranza di convincere i produttori a metterne in *phase out* i modelli. I produttori, dal canto loro, si stanno allineando nel mettere in cantiere nuovi modelli elettrici, ma questo rischia di non bastare, perché il mercato li sta seguendo fino a un certo punto e le auto elettriche restano in forte minoranza. Se i consumatori non cominceranno a comprarle in numeri significativi, i costi di produzione non scenderanno e le reti di ricarica non cresceranno. Oggi le reti di distributori ripagano gli investimenti in colonnine attraverso il reddito delle ricariche. Se le auto in circolazione sono poche, la facilità di ricarica, soprattutto in aree a bassa diffusione dell'elettrico come l'Italia meridionale, si riduce e gli utenti devono pagare un costo in termini di maggiore scomodità di utilizzo dell'auto. Se anche si cerca di aumentare la copertura, il minore utilizzo delle colonnine viene ribaltato sugli utenti attraverso un maggiore costo della ricarica e il *green premium* dell'elettrico aumenta.

È giusto annunciare con largo anticipo la messa al bando delle auto a benzina (2035), come ha fatto l'Unione Europea, ma nel frattempo l'auto elettrica va resa competitiva dal punto di vista del costo, e le colonnine di ricarica devono essere disponibili ovunque, anche dove le auto elettriche sono poche, facendole pagare agli Stati. L'Europa non sembra avere capito che le emissioni di CO_2 dell'auto a benzina non si combattono solo con un veto, come fece la California per vietare le emissioni di ossido di azoto e altri gas. Perché i veti annunciati con un decennio di anticipo funzionano bene con i produttori, per dare loro il tempo di creare nuovi prodotti meno inquinanti (e infatti i produttori europei hanno sviluppato nuovi modelli di auto elettriche), ma funzionano molto meno con i consumatori, che alla macchina che compreranno tra dieci anni non pensano certo oggi.

Per far sì che le auto elettriche vengano vendute, cosa che richiede non solo prezzi più convenienti (per battere il *green premium*) ma anche batterie che durino di più e stazioni di ricarica, ci vogliono soprattutto incentivi. Se i privati non vengono incentivati a investire oggi in tecnologie, fabbriche e infrastrutture, il rischio è che nel 2035 si vieteranno le vetture tradizionali ma non ci saranno abbastanza consumatori disposti a comprare auto elettriche in giro per sostituirle.

La Cina, nonostante abbia un reddito pro capite decisamente minore rispetto all'Europa e agli Stati Uniti, sta supportando l'industria dell'auto elettrica in maniera molto più decisa: ne sussidia il prezzo, sia in modo diretto (fino a tutto il 2022) con un importo di circa 1500 euro a vettura, sia esentando gli acquirenti da una tassa sull'acquisto che per le altre auto pesa il 10%. Su un'auto che costa in media circa 30.000 euro si arriva a 4500 euro di incentivi. Inoltre, in Cina, come già detto, ci sono molte più colonnine e le ricariche costano molto meno che in Europa.

Trasformare la flotta di auto verso l'elettrico richiede di riconvertire non solo qualche milione di posti di lavoro, ma anche le abitudini e lo stile di vita di 2-3 miliardi di automobilisti, che guidano il miliardo e mezzo di auto in circolazione oggi nel mondo. In un Paese come l'Italia, vuol dire cambiare la logica del parcheggio nelle città, integrando questa operazione con quella della ricarica anche nelle abitudini dei consumatori. E la Cina è decisamente in testa in questa corsa.

La competizione un po' di retroguardia tra gli Stati per accaparrarsi, a forza di sgravi fiscali, uno stabilimento di assemblaggio di automobili o una *gigafactory* di batterie si trasforma in una partita a scacchi molto più complessa, meno visibile sui giornali ma non per questo meno determinante, quando parliamo delle materie prime che servono a produrre una batteria o un motore elettrico. Nella corsa ad accaparrarsi questi materiali la Cina non sta vincendo, sta stravincendo. Nella batteria di un'auto elettrica ci vanno almeno 5 chilogrammi di cobalto e 25 chilogrammi di nichel. La Cina produce il 65% delle auto elettriche del mondo, il 77% delle batterie, e si è assicurata i diritti di sfruttamento della maggioranza delle miniere di cobalto oggi attive (in Congo) e di quelle di solfuro di nichel (in Indonesia). Tra operazioni in loco e (più spesso) impianti entro i confini nazionali, le aziende cinesi raffinano la stragrande maggioranza di questi materiali. Nel caso del neodimio-praseodimio, di cui sono fatti i magneti dei motori elettrici e dei generatori eolici, la percentuale del prodotto mondiale raffinato dalla Cina raggiunge l'89%.

Se gli Stati occidentali temono che il mercato dell'auto elettrica possa divenire un monopolio cinese devono dare un colpo d'acceleratore sull'utilizzo di tutte e quattro le leve che hanno per trasformare i loro mercati e le loro industrie: incentivi all'utilizzo, investimenti pubblici nelle reti di ricarica, ricerca di nuovi materiali e accordi con i Paesi produttori.

I settori hard to abate diventano ancora più hard se non si abbandona l'ideologia

Le politiche economiche necessarie per decarbonizzare i processi industriali sono molto diverse da quelle per il settore della produzione elettrica, che ha già individuato le tecnologie giuste ed economicamente convenienti e deve quindi puntare con la massima decisione sulle fonti rinnovabili. Perché fra le tre tecnologie che si giocano la sfida in questo campo – l'idrogeno, la cattura della CO_2 e la «fabbrica elettrica» – non è ancora chiaro quale sarà quella vincente in ciascun settore.

L'Unione Europea sta investendo capitali significativi nell'idrogeno. I piani di ripresa e resilienza (l'equivalente del nostro PNRR) di Francia e Germania prevedono un totale di 3,2 miliardi di finanziamento alla ricerca e sviluppo dell'idrogeno, cui si aggiungono oltre 6 miliardi per la decarbonizzazione dei processi industriali, anch'essi diretti in prevalenza verso tecnologie che usano l'idrogeno. Appare però evidente che puntare tutte le proprie *fiche* sull'idrogeno, soprattutto nel finanziamento della ricerca e sviluppo, non appare una strategia solida. Ci sembra sia ora, in particolare da parte dell'Unione Europea che fa molto la schizzinosa, di affiancare ai programmi sull'idrogeno programmi altrettanto ambiziosi per migliorare e mettere in sicurezza la cattura e il sequestro della CO_2, come quelli avviati nel Regno Unito.

Una politica economica chiave sarà l'implementazione di una seconda innovazione europea nel settore della regolamentazione, vent'anni dopo la nascita del mercato interno dei certificati di emissione (EU ETS), ovvero il cosiddetto *carbon border adjustment*, che potrebbe anche avere un seguito negli Stati Uniti se questi continueranno la loro attuale politica a sostegno della transizione. Si tratta di una tassa sulle importazioni di prodotti che provengono da Paesi che non «tassano» le emissioni di CO_2 alla fonte, in proporzione alla quantità di CO_2 emessa per produrre questi prodotti e le loro materie prime. Questa tassa è certamente più complicata da calcolare della tanto auspicata (quanto utopica) *carbon tax* globale, ma lo è meno dal punto di vista degli accordi internazionali, perché l'Europa potrà applicarla da sola. Questa politica potrà incentivare le imprese industriali che vogliono esportare verso l'Europa a diventare esse stesse i laboratori di innovazione per le tecnologie di decarbonizzazione dei settori *hard to abate*. Fintantoché non ci riusciranno, questa tassa potrà disincentivare i produttori europei a trasferire le produzioni in Paesi meno sensibili alla decarbonizzazione.

Il rebus delle abitazioni

L'adozione di soluzioni a basse emissioni nel riscaldamento degli edifici sembrerebbe in teoria un problema di facile soluzione perché molte tecnologie non solo sono più vantaggiose per l'ambiente, ma fanno anche risparmiare. Eppure, abbiamo raccontato come in Europa una tecnologia già matura ed economica come le pompe di calore sia ancora poco diffusa. Il fatto che soluzioni innovative costino meno molto spesso non basta, soprattutto nel contesto delle abitazioni. Prendiamo il caso delle vecchie lampadine a incandescenza: sostituirle con lampadine a basso consumo già dalla fine degli anni Novanta aveva un costo irrisorio, ripagato dai risparmi di energia elettrica realizzabili in pochi mesi. Nel nostro Paese, all'inizio degli anni Duemila le lampadine a basso consumo venivano addirittura regalate dalle aziende elettriche che ne recuperavano i costi (bassissimi) con gli incentivi per i cosiddetti «certificati bianchi», che premiavano le iniziative di risparmio energetico. Ma l'utilizzo delle lampadine a incandescenza si è davvero interrotto solo quando sono state ritirate dal commercio, perché sostituire l'illuminazione di casa è una seccatura e il risparmio di qualche euro al mese è poco allettante. Poi le lampadine a basso consumo avevano, all'inizio, una luce diversa, dai toni cromatici più freddi. Risultato: l'investimento per l'ambiente che tutti calcolavano avere un ritorno economico altissimo ha richiesto qualche decennio per essere realizzato. E si trattava di pochi euro.

È il problema dei cosiddetti «costi di transizione», espressione con cui si indica il fatto che il passaggio alle tecnologie verdi deve avvenire in un tempo relativamente rapido, durante il quale abbandonare le tecnologie fossili ed energivore a tappe forzate genera dei costi ulteriori, a volte quantificabili in termini economici, a volte solo psicologici, dati dalla necessità di superare resistenze, preferenze consolidate e pigrizia da parte dei clienti.

Il problema dei costi di transizione spiega perché una delle tecnologie verdi maggiormente economiche (di fatto con *green premium* negativo), quella delle pompe di calore per il riscaldamento domestico, stenta a prendere piede. Riscaldare una casa con le pompe di calore, che funzionano a energia elettrica e producono meno CO_2 del riscaldamento a gas anche quando l'energia elettrica è prodotta con i combustibili fossili, costa meno che farlo con un impianto a gas per un appartamento nuovo, perché le pompe di calore sono molto più efficienti da un punto di vista energetico. Ma installarle in un appartamento che ha già un suo impianto di riscaldamento richiede di cambiare non solo la caldaia ma anche i radiatori, sostituendo i termosifoni con dei termoconvettori, i cosiddetti *fan coil*; oppure, se si vuole sfruttare appieno il loro potenziale di risparmio, con un impianto installato sotto il pavimento.

Affrontare questi interventi al di fuori di un intervento di ristrutturazione completa della casa richiede costi aggiuntivi, impegno e scomodità per chi vive nell'abitazione. Tutti, appunto, costi di transizione. A oggi, le pompe di calore servono solo il 16% delle abitazioni in Europa. In Italia, dove predomina il riscaldamento autonomo e la decisione sugli impianti è quindi lasciata ai singoli proprietari, siamo addirittura al 4%. Superare questi problemi e queste inerzie richiede incentivi oppure obblighi, quindi un intervento degli Stati.

Un problema simile affligge il fotovoltaico domestico. Anche senza arrivare ai livelli astronomici di ecobonus e superbonus, per cui chi comprava un impianto fotovoltaico riceveva il 110% di quanto spendeva e in più aveva energia elettrica gratis, l'installazione di un impianto fotovoltaico a casa, sulla carta, è sempre un ottimo affare: tra sconti in bolletta e sgravi fiscali, i conti tornano. In Italia, però, la maggioranza delle persone vive nei condomini. Chi ha un terrazzo a casa propria preferisce usarlo, quando c'è il sole, per prendere un aperitivo o prendere la tintarella più che per produrre energia elettrica. Mentre chi lo condivide con gli altri condomini deve convincerli a spendere ora per risparmiare dopo, e c'è sempre qualcuno che non è d'accordo.

Riuscire a calibrare con intelligenza gli incentivi al risparmio è molto difficile, perché l'entità della spesa necessaria per convincere i consumatori dipende da tanti fattori: quanto freddo fa (c'è maggiore convenienza a risparmiare in Germania che in Italia), quanto sono nuove le case (la ristrutturazione degli edifici antichi è più complicata), chi decide (il condominio o i singoli proprietari), e molti altri. Difficile che tutto possa essere deciso a Bruxelles. A Washington non ci provano nemmeno, tanto che negli Stati Uniti questa materia è generalmente lasciata alla giurisdizione dei singoli Stati. Ma una lezione è chiara: i proprietari di casa prendono queste decisioni con lentezza, per pigrizia, scarsa informazione e per la necessità di fare i lavori tutti assieme. Pertanto i big bang, tipo il superbonus in Italia, sono uno spreco, e stabilire una data obbligatoria per il passaggio a una nuova tecnologia, come per le auto elettriche, non funziona perché i proprietari degli appartamenti, a differenza degli OEM automobilistici, sono poco informati, si accorgeranno che devono fare qualcosa solo in prossimità della data limite e a quel punto faranno di tutto per rimandare il problema. Servono politiche di incentivo coerenti nel tempo e mirate.

In materia di agricoltura, le politiche europee sul clima rivelano un'incapacità di azione clamorosa. Bastano pochi numeri a mettere in luce tutta la gravità della situazione. Oggi l'agricoltura dell'Unione produce un PIL di circa 200 miliardi di euro l'anno. A fronte di quest'attività riceve sussidi dagli Stati per 60 miliardi l'anno circa. Inoltre emette (dati del 2022) circa 370 milioni di tonnellate di CO_2 equivalenti, per i quali non è però obbligata ad acquistare certificati di emissione. Se lo facesse, spenderebbe 40 miliardi all'anno, che quindi rappresentano un ulteriore sussidio «indiretto» all'agricoltura da parte dei settori economici grandi emettitori – come l'energia, il cemento e l'acciaio – che invece i certificati li pagano. In relazione a queste cifre di sussidi diretti e indiretti, pari al 50% del PIL del settore, l'agricoltura europea prevede una riduzione delle emissioni al 2050 (quando negli altri settori fioccano i Net Zero) del 4%. L'Agenzia europea dell'ambiente, che con un notevole eufemismo commenta che il 4% è «modesto», indica che con ulteriori misure si potrebbero tagliare le emissioni di un altro 8%.

È evidente che, davanti a questo fiume di sussidi, l'incapacità dell'Europa di chiedere di più sul fronte del clima, o almeno di indirizzare una parte di questi sussidi a dare un taglio più serio alle emissioni agricole, rappresenta un'area in cui si dovrebbe fare decisamente di più. D'altra parte, sarebbe davvero ingenuo ignorare che, negli ultimi tempi, appena si parla di politiche per il clima nell'agricoltura, le strade del continente si ritrovano invase dai trattori. Il che rende attualmente impossibile sul piano politico una riforma profonda del rapporto tra agricoltura e clima. Attaccare in modo serio le emissioni dell'agricoltura europea, che sono pari a oltre il 13% di quelle totali, passa, oltre che da una regolamentazione più smart di quella attuale (non troppo difficile), anche da una presa di coscienza del problema da parte della società civile del continente.

Il forum politico per salvare il pianeta

I protagonisti di questa trasformazione delle regole mondiali per la lotta al cambiamento climatico devono essere i Paesi e le regioni del mondo – Europa, Stati Uniti e Cina – che contano di più, perché sono i responsabili di buona parte dei gas serra nell'atmosfera, sono i più ricchi e sono gli artefici di molte delle tecnologie che bisognerà sviluppare nei prossimi anni. Le loro politiche per incentivare la transizione energetica al loro interno e per coordinare quelle nei Paesi più poveri determineranno il successo del triangolo della sostenibilità. La società civile deve sostenere delle politiche di transizione che minimizzino i costi ma raggiungano risultati in tempi brevi, accettando però che qualche costo va pagato. Le imprese private che sono incentivate e regolate da queste politiche devono, a loro volta, fare della crisi climatica un'occasione di ulteriore sviluppo economico.

Ciò che è avvenuto alla COP28 di Dubai fa capire che la soluzione non può essere affidata a un accordo politico tra i 200 Paesi partecipanti e tra gruppi di interesse rappresentati da migliaia di persone che si riuniscono e dibattono in una kermesse sul clima. Le Conferenze delle Parti hanno avuto un ruolo estremamente utile per stabilire un consenso politico globale e definire macro-obiettivi, ma la decisione che, all'ultimo momento, ha evitato l'ennesimo fallimento a Dubai, con la sofferta formulazione dell'obiettivo *transitioning away from fossil fuels*, alla fine è stata forzata da tre soggetti (non da 200): Unione Europea, Stati Uniti e Cina.

Per affrontare a livello globale i grandi temi della decarbonizzazione, incluso l'avvio di un nuovo sistema di commercio internazionale dei certificati di emissione che riempia il vuoto rimasto dopo il fallimento degli schemi previsti dal protocollo di Kyoto, sono necessari alcuni punti di accordo.

Il potenziale esiste: Europa e Stati Uniti possono chiedere alla Cina impegni precisi sulla riduzione del carbone, in cambio della garanzia di non instaurare (o almeno di limitare) politiche protezionistiche ai danni delle tecnologie verdi cinesi e di un drastico taglio all'utilizzo del gas in casa propria, che automaticamente permetterebbe alla Cina un migliore accesso alle forniture di gas, laddove serva come combustibile di transizione.

Nel frattempo, i Paesi occidentali possono ridurre la dipendenza dalla Cina sui materiali critici, favorendo investimenti di sviluppo per la fase di raffinazione di questi minerali, e realizzandola con tecnologie più sostenibili ed energie rinnovabili. Costerà di più? È molto probabile, ma l'impatto di questi costi sul *green premium* sarà generalmente trascurabile. In una Tesla Modello 3 ci sono, a prezzi del 2023, 150 dollari di cobalto nelle batterie. I produttori di auto elettriche e i loro clienti possono ben permettersi un piccolo aumento.

La già citata proposta di Ian Bremmer di creare una nuova architettura per il coordinamento globale della strategia sul clima, che chiama World Carbon Organization (ispirata alla World Trade Organization), non è sbagliata perché l'obiettivo del WTO è proprio quello di facilitare il commercio mondiale creando un forum negoziale. Il problema è che al WTO, oggi peraltro in gravissimo stallo, partecipano 164 Stati membri e si avrebbero gli stessi problemi delle COP. Meglio pensare a una serie di accordi concreti, sul modello di quanto avvenuto dietro le quinte della COP28. Ma qui casca l'asino.

Politiche economiche globali e nazionali di questo genere per far funzionare il triangolo della sostenibilità hanno bisogno di una leadership politica impegnata nell'emergenza climatica, senza gli stop and go del passato, e soprattutto capace di pensare e agire a livello globale. Purtroppo, siamo lontanissimi da questa situazione. Donald Trump che, nel momento in cui scriviamo, ha buone probabilità di diventare il prossimo presidente degli Stati Uniti, durante il suo ultimo mandato si è posizionato da negazionista duro e puro, contestando il consenso scientifico sul fatto che il cambiamento climatico sia principalmente causato dalle attività umane e definendo la transizione energetica una «bufala» o un «imbroglio». Non sembra aver cambiato idea. Durante la campagna elettorale ha dichiarato: «Uno può essere leale al lavoratore americano o essere leale ai lunatici ambientalisti, ma non si può essere leali ad entrambi».

Un recente sondaggio ha dimostrato che se l'87% degli elettori di Joe Biden ritiene che il riscaldamento climatico sia causato dall'uomo, tra gli elettori di Trump la percentuale di chi la pensa così scende al 21%. Alcuni suoi compagni di viaggio appartengono invece alla categoria dei «nuovi negazionisti», come la presidente del Partito repubblicano in Michigan, che ha dichiarato: «Dobbiamo preoccuparci seriamente per il pianeta, ma ciò non vuol dire che io debba abbandonare la mia auto a benzina e guidare un'auto elettrica con una batteria cinese».

Poi non è detto che tutto vada verso il disastro. Un'ipotetica strategia di riduzione delle emissioni messa in atto da un'eventuale amministrazione Trump-2, chiaramente ispirata dalle Big Oil, potrebbe prevedere la riduzione delle emissioni «nette» non tanto limitando le nuove emissioni (che resterebbero alte, continuando a usare i combustibili fossili) ma spingendo con opportuni sussidi la «cattura» delle emissioni di gas serra sia alla fonte, quando vengono prodotte nelle centrali elettriche o negli altoforni, sia dall'atmosfera, recuperando i gas che sono già in aria. In questo settore proprio una compagnia petrolifera americana, la Occidental Petroleum, ha annunciato un ambizioso programma di investimento, con una capacità di cattura delle emissioni per 57 milioni di tonnellate di CO_2 all'anno, pari a quelle di uno Stato di medie dimensioni come il Portogallo.

Se la scommessa sulle possibilità di sviluppo su grande scala della cattura della CO_2 risultasse vincente, le implicazioni di questa scelta sarebbero epocali: si potrebbe investire per catturare l'anidride carbonica emessa dai milioni di auto a benzina e dalle migliaia di centrali a carbone che continueranno a restare in funzione nel mondo nei prossimi decenni e accelerare così il raggiungimento del Net Zero. Per questo motivo investire risorse significative per provarci non è affatto detto che sia necessariamente negativo per il clima. La spinta verso le tecnologie di sequestro e cattura della CO_2 potrebbe generare effetti di drastica riduzione dei loro costi simili a quelli che si sono visti con i programmi di sviluppo incentivato delle rinnovabili. E i settori *hard to abate*, dal cemento all'acciaio, hanno un grande bisogno di alternative economicamente sostenibili.

C'è anche chi è ottimista e sostiene che, qualora Trump vincesse le prossime elezioni presidenziali, se da un lato potrebbe facilmente annullare i provvedimenti pro-clima realizzati attraverso i cosiddetti *executive orders*, i decreti esecutivi presidenziali che non richiedono l'approvazione del Congresso, avrebbe dall'altro lato più difficoltà ad annullare la legge sul clima che ha portato all'IRA, che prevede incentivi e sussidi popolari in Stati sia democratici sia repubblicani. Anche quando era al potere, metà degli americani viveva in Stati come la California, il Colorado, il Maine e Washington che avevano avviato politiche aggressive di riduzione delle emissioni.

Intanto l'Europa, la vera leader politica del cambiamento climatico, inizia a mostrare crepe di «negazionismo di seconda generazione». L'ex premier britannico Rishi Sunak ha rinviato obiettivi e tempi del Net Zero, mentre il parlamento tedesco ha bocciato una regolamentazione più stringente per il riscaldamento domestico. La società civile e, in ultima analisi, gli elettori delle democrazie occidentali e l'opinione pubblica cinese, cui comunque i leader del partito sono molto sensibili, potrebbero essere un elemento decisivo nello spingere i loro leader politici ad abbandonare le posizioni di principio in favore di strategie pragmatiche di collaborazione con l'Occidente. Ma anch'essi hanno bisogno di un profondo cambiamento nel modo in cui affrontano i problemi del clima, superando gli estremismi delle ideologie in favore di atteggiamenti più pragmatici.

9
La società civile, oggi preda di ideologie settarie

Il ruolo della società è spingere la politica verso le soluzioni, e oggi non ci riesce perché prigioniera delle ideologie. Cercasi pensatori sul clima con idee anche estreme ma non allineate né alle ideologie negazioniste della destra, né a quelle woke della sinistra

Il terzo vertice del triangolo della sostenibilità è la società civile, che gioca un ruolo essenziale nell'appoggiare la scienza e rappresentare l'urgenza di agire contro il cambiamento climatico, risvegliando i politici dal loro torpore e scuotendo le coscienze del mondo. Oggi, tuttavia, è necessario che anch'essa evolva, perché è diventata prigioniera di un dibattito ideologico che fonde l'emergenza climatica a troppi altri temi, con due conseguenze nefaste: da un lato, diventa impossibile che si crei un consenso ampio sulle priorità del clima; dall'altro, gli attivisti appaiono sempre meno credibili agli occhi di chi non ne condivide le ideologie, e quindi perdono forza nel loro ruolo di pungolo ai governi proprio nel momento in cui, al contrario, il consenso politico alle regole della transizione dovrebbe allargarsi.

Nelle società occidentali il dibattito sul clima (come quello sull'economia, sulla cultura e sui diritti civili) si è polarizzato su posizioni definite «estremiste», ma che hanno la loro pericolosità non nell'estremismo ma nell'essere settarie. Il rischio non è quello di proporre soluzioni radicali ed eccessive sul clima (da preservare), ma nell'impacchettarle con altre sul capitalismo (da combattere), sulla civiltà e le tradizioni occidentali (da disprezzare) e sull'identità di genere (da lasciare alla scelta delle persone e non alla biologia). E il pacchetto va comprato in blocco, perché rifiutarne una parte significa necessariamente finire nel campo avverso, che risponde con una logica uguale e contraria. Chi vede nelle tradizioni un valore da preservare deve anche essere convinto che il clima va benissimo così com'è.

C'è bisogno di una nuova generazione di pensatori con idee estreme ma non allineate a ideologie politiche e sociali predefinite, come è stato a suo tempo il premio Nobel Milton Friedman, che era a favore di una riduzione delle imposte (un'idea tradizionalmente di destra) ma anche della liberalizzazione delle droghe (un'idea invece tradizionalmente di sinistra). Le fucine di questi pensatori devono essere le università di élite, che però devono ripensare il loro sistema di valori e rimettere al centro di essi quello della libertà di pensiero.

La società civile attiva nel dibattito sulla sostenibilità: non c'è solo Thunberg

Quando pensiamo al termine «attivista ambientale», il volto che ci viene subito in mente è quello di Greta Thunberg. Questa ragazza – che ha iniziato la sua battaglia nel 2018, all'età di quindici anni – ha avuto un ruolo essenziale nel risvegliare la coscienza di un'opinione pubblica che ignorava o sottovalutava i problemi del pianeta, alimentando i sensi di colpa delle generazioni più vecchie al potere. Ma non è stata la prima. Un quarto di secolo prima, nel 1992, una canadese di dodici anni, Severn Cullis-Suzuki, tenne un discorso al Vertice della Terra delle Nazioni Unite di Rio de Janeiro che, anche se suscitò una grande attenzione globale, non ebbe il seguito ottenuto da Thunberg nel nuovo secolo, quando l'esplosione dei social network, soprattutto tra i giovani, ha sicuramente favorito il radicamento di una coscienza ambientalista. Ma in questo ha contato anche la personalità di Thunberg e il contesto in cui è cresciuta: la verde Svezia, la sua famiglia (madre cantante d'opera e padre attore cinematografico), la sindrome di Asperger diagnosticatale all'età di tredici anni e da lei stessa dichiarata. Fatto sta che Thunberg e suoi Fridays for Future hanno avuto un impatto enorme, riconosciuto da moltissime realtà della società civile.

Sono passati solo cinque anni tra la nascita di Fridays for Future e la COP28 di Dubai e basta osservare chi ha partecipato a questa grande conferenza sul clima per apprezzare l'esplosione della partecipazione della società civile al problema dell'ambiente e, più in generale, della sostenibilità. Su 80.000 persone presenti, 15.000 rappresentavano gli attivisti, ai quali si sono aggiunte ogni giorno 400.000 persone comuni munite di pass giornaliero, facendo diventare la COP una colossale kermesse sulla sostenibilità del pianeta.

Eppure la società civile attivista o ambientalista è molto di più. Non ci sono solo gli attivisti e le ONG sulle barricate, ma anche *opinion leader*, professionisti, scienziati, manager, persone con notevole professionalità e spessore intellettuale e scientifico che fungono da spinta costruttiva verso governi e imprese, a livello individuale o nell'ambito delle grandi organizzazioni. Come l'oceanografa Emma Priestland, che lotta contro la proliferazione delle plastiche negli oceani (Break Free From Plastics) ed è coinvolta nella rete di organizzazioni ambientaliste Friends of the Earth International; o l'italiano Marco Lambertini, laureato all'Università di Pisa in farmacia, con un curriculum personale impressionante sui problemi del degrado naturale ed ex direttore generale del WWF; o Paul Hawken, imprenditore ambientalista, autore di saggi, tra cui *The Ecology of Commerce*, di enorme impatto, e artefice dell'iniziativa Project Drawdown («Usare la scienza per guidare l'azione per il clima»). Lo stesso Bill Gates, autore del saggio *Clima. Come evitare un disastro*, è diventato un opinionista (oltre che un investitore) sul tema dell'emergenza climatica.

Accanto ai numerosi studiosi, investitori e attivisti che hanno spiegato, divulgato e fatto proposte, il movimento ambientalista si rende visibile soprattutto per le sue azioni di denuncia. Le ONG sul clima che attaccano le imprese e la finanza sul *green* e *socialwashing* imperanti sono in genere molto preparate sui loro dossier, sempre più documentati e sempre più incisivi anche sul piano legale. Uno dei due autori di questo libro ha una lunga esperienza di dibattiti con loro e ha osservato che sono spesso molto più informate delle multinazionali stesse su ciò che avviene nelle loro *operation* in territori remoti e che in molti casi le mettono in difficoltà su che risposte fornire.

Uno dei forum preferiti per attaccare le politiche non sufficientemente decise sul clima e sui diritti civili delle aziende è quello delle assemblee di approvazione del bilancio, che le organizzazioni più agguerrite usano anche per presentare risoluzioni che impegnano il management a fare di più. Bastano pochi dollari (o più spesso euro) per comprare qualche azione e mettere la risoluzione ai voti; poi tocca ai gestori dei fondi verdi e sostenibili decidere se lasciar cadere nel vuoto queste mozioni, facendo così la figura di quelli che parlano ma non fanno nulla, o sostenerle, rischiando così lo scontro con manager e altri azionisti.

Nel gennaio 2019, trenta dipendenti di Amazon che possedevano azioni assegnate loro come bonus presentarono una risoluzione che impegnava l'azienda a realizzare un piano sul clima, seguita da una lettera firmata da tremila colleghi e indirizzata a Jeff Bezos che esortava l'azienda a impegnarsi più a fondo sul clima. Secondo una ricerca del Dipartimento di economia dell'École Polytechnique di Parigi, dal 2016 a metà 2023 sono state presentate oltre 250 petizioni di questo tipo, ovvero col supporto dei dipendenti, di cui oltre la metà nei settori energia e utility. Molte di queste avevano l'approvazione del consigli di amministrazione e potevano quindi considerarsi come veri e propri impegni dell'azienda, dopo aver ricevuto un'approvazione quasi bulgara dagli azionisti (approvate nel 98% dei casi);

tuttavia, anche quelle non approvate dai consigli di amministrazione, e quindi potenzialmente più distanti, se non addirittura contrarie, rispetto alle politiche aziendali, hanno ricevuto un'approvazione nel 37% dei casi.

Ma quando, dopo la denuncia, si tratta di prendere la leadership di proposte concrete, il movimento non ha più la stessa incisività.

Se non hanno un bersaglio, gli attivisti perdono la bussola

Gli attivisti del clima sono sempre stati molto efficaci nel denunciare l'inerzia di governi e aziende nei confronti del grande problema del riscaldamento globale. È chiaro che non tocca a loro trovare soluzioni generali, ma il loro modello di azione basato sul catturare l'attenzione e denunciare problemi si rivela meno efficace nella fase attuale, in cui gli Stati stanno faticosamente cercando di allineare aziende e regolatori di tutto il mondo su un percorso praticabile.

In Europa, per esempio, i movimenti ambientalisti si dimostrano molto solerti nell'accusare di ipocrisia le aziende che si espongono ponendosi obiettivi (giudicati poco ambiziosi) e comunicando i risultati raggiunti. Queste accuse, spesso condite da azioni legali, sono mediaticamente più incisive di quelle rivolte alle aziende che non fanno nulla e le ignorano, e che perciò hanno storie molto meno interessanti. Questa scelta li espone anche all'accusa di adottare un approccio strumentale a ottenere visibilità.

Tuttavia, il grande pubblico sembra aver bisogno di indicazioni costruttive e non solo di allarmi. L'«Economist» si è posto il tema delle responsabilità individuali nei confronti dell'emergenza climatica. È troppo chiedere a ciascuno di sentirsi responsabile dei problemi del pianeta? Il settimanale sostiene che ognuno di noi ha il suo grado di responsabilità nelle emissioni di CO_2 alla luce di ciò che mangia, di come si veste e di come si sposta. Emissioni che non sono ovviamente le stesse per un americano (15 tonnellate all'anno) e uno svedese (il quale, nonostante il clima freddo del suo Paese, ne emette solo 3,2, il livello più basso in Europa dopo Cipro). Sia gli americani sia gli svedesi, però, sono responsabili delle 8 tonnellate emesse dai cinesi, dai quali comprano prodotti che, nel momento in cui vengono fabbricati, emettono CO_2 in Cina.

L'«Economist» racconta storie di persone che hanno tradotto i loro sensi di colpa per i danni commessi al pianeta cambiando radicalmente il proprio stile di vita. Come l'ingegnere inglese in pensione che per conto di Shell si occupava di sviluppare combustibili alternativi e che, dopo aver concluso che imprese e politica si muovevano troppo lentamente, ha deciso di giocare un ruolo in prima persona, smettendo di riscaldare la casa d'inverno, di mangiare carne e di viaggiare in aereo per fare visita al figlio residente in Brasile. Poi ha smesso di usare le sue due auto inquinanti e ha pagato qualcuno per rottamarle. Infine, è diventato un attivista della ONG Just Stop Oil, partecipando in prima persona a vari blocchi del traffico.

Tuttavia si tratta di casi rari. La maggioranza delle persone è preoccupata per il riscaldamento globale ma non è disposta a pagare un prezzo troppo alto per la transizione energetica. I più coinvolti vanno in bicicletta o in motorino elettrico, mangiano meno carne, usano meno sacchetti di plastica per la spesa al supermercato e adottano pratiche di riciclo. Ma sono lontanissimi dal rappresentare un motore del cambiamento del loro vertice nel triangolo della sostenibilità.

Per rendere più efficace l'impatto delle loro idee, i movimenti ambientalisti hanno la necessità di influire sulla politica e possono farlo attraverso due strade: formare un partito con una forte missione ambientalista o influenzare le idee dei partiti già esistenti. La prima strada ha ottenuto risultati generalmente deboli, mentre la seconda è stata imboccata con una forte componente ideologica e ha allontanato ancora di più la causa dell'ambiente dall'ampio supporto di cui avrebbe bisogno.

In Europa sono nati diversi partiti ispirati alla causa ambientalista, anche prima che la crisi climatica si manifestasse. È successo in Germania con i Verdi, che hanno ispirato partiti analoghi in tutta Europa. In Italia, in parte è accaduto col Movimento 5 Stelle, che nella sua prima fase ha posto la questione ambientale al centro delle sue proposte. Negli Stati Uniti c'è stata la candidatura di Ralph Nader alle presidenziali dal 1996 al 2008, prima col Partito verde, poi come indipendente, che non ebbe molto impatto se non nel 2000, in cui raccolse il 2,7% dei voti (costando probabilmente, e paradossalmente, la vittoria all'altro candidato verde di fatto, se non di nome: Al Gore).

Il problema è che un partito non può dire la sua solo sull'ambiente, ma deve occuparsi anche di economia, diritti civili e politica estera. Con l'eccezione della Germania, i Verdi non hanno mai avuto un grande peso nelle coalizioni politiche, anche dopo essere entrati nel governo. Per questo motivo la causa ambientalista pare ottenere migliori risultati attraverso la seconda strategia: influenzare la proposta politica degli altri partiti. Ma questo processo ha visto gli ambientalisti assorbire le ideologie di movimenti d'opinione liberal (in America) o di sinistra (in Europa) che sono risultati più sensibili alle loro idee. Con il risultato che la loro forza persuasiva verso il resto della società è molto diminuita.

Dall'innovazione ambientale al conformismo ideologico

Dopo il massacro del 7 ottobre in Israele a opera di Hamas, Greta Thunberg ha sostenuto che «Hamas e i suoi attacchi sono radicati da 75 anni di repressione e pulizia etnica dei palestinesi che hanno dato vita a un vero genocidio». E che «i media occidentali sono finanziati dai governi imperialisti che sostengono Israele». La sua posizione, purtroppo, non è solo personale. Non è troppo distante dalle critiche che vengono fatte da sempre allo Stato ebraico dalle sinistre europee (e oggi anche dai progressisti americani) che si ergono a favore dei più deboli contro i più forti. E se è indubbio che i palestinesi di Gaza siano i più deboli economicamente e militarmente e Israele più forte, le donne, i bambini e gli anziani massacrati il 7 ottobre certo non erano tra i forti.

La posizione di Greta Thunberg le ha attirato molte critiche che sicuramente non hanno giovato alla causa del clima, e rappresenta purtroppo la punta dell'iceberg di un movimento più vasto. Per molti, la lotta al cambiamento climatico rientra all'interno delle lotte sociali e giustifica molti estremismi.

Sono così su posizioni estreme non solo le idee sull'ambiente, ma anche la lotta alle disuguaglianze economiche, imputate all'intero sistema delle economie capitaliste, alla discriminazione razziale e al neocolonialismo, visti come un tutt'uno con la cultura dei Paesi occidentali; e alla repressione degli orientamenti sessuali e delle identità di genere non binarie, di cui vengono tacciati non solo i conservatori ma anche i movimenti femministi.

L'ideologia diventa estremista e settaria e blocca il dibattito costruttivo. Solo una parte minoritaria delle nostre società è disposta ad accettare in blocco un'ideologia egualitarista, anticapitalista, antisraeliana, terzomondista e totalmente intransigente sulla libertà di identificarsi con il genere di propria scelta.

Anche perché chi critica anche una sola di queste ideologie è attaccato in modo tanto più aggressivo quanto più è vicino alle idee tipiche della sinistra sugli altri aspetti: il fuoco amico fa molte più vittime di quello degli avversari. Lo testimoniano, tra l'altro, le intimidazioni contro gli studenti ebrei nelle università americane dopo l'invasione di Gaza (nel 2021 una ricerca del Pew Research Center ha indicato che il 70% degli ebrei americani si identifica come democratici e il 50% addirittura come liberal) e gli attacchi subiti dalla scrittrice J.K. Rowling, dichiaratamente laburista e anti-Brexit, per le sue posizioni contrarie a quella che lei ritiene una discriminazione delle donne da parte della cultura LGBTQ+ (ha tra l'altro dichiarato di considerare offensiva l'idea di riferirsi alle persone di sesso femminile come «persone con le mestruazioni»). Il risultato di questo fuoco di sbarramento è che per essere cittadini riconosciuti di questi movimenti bisogna sottoscriverne le ideologie in toto.

Le posizioni estreme degli attivisti dell'ambiente sono

particolarmente nocive per la causa che difendono, specialmente nella fase attuale della transizione. L'attenzione verso il tema ambientale è infatti alta, ma manca il consenso su come affrontarlo. Oggi è ancora più difficile che in passato trovare questo consenso perché bisogna realizzare la transizione in un numero ben più grande di aziende, di settori industriali e di consumatori rispetto al numero dei primi innovatori. E le politiche per ottenerlo sono necessariamente più costose o più impopolari di quelle per incentivare i pionieri. Pagare per un po' di incentivi si accetta. Obbligare una moltitudine di aziende a adeguarsi provoca la minaccia di chiusure e delocalizzazioni. Obbligare i consumatori, anche a costo zero, genera proteste da parte di chi non vuole cambiare abitudini.

Il tema del clima si intreccia con la rivalità geopolitica tra Cina e Stati Uniti, e questo aiuta negazionisti vecchi e nuovi a denunciare i rischi per l'Occidente di rinnovabili e macchine elettriche, specie se i fautori della transizione si dichiarano antioccidentali e si identificano con la *cancel culture*. Secondo l'«Economist», la vittoria del negazionista Trump nel 2016 è stata favorita dalla discesa in campo di Jill Stein, leader del Partito verde, che oltre al tema dell'emergenza climatica proponeva una piattaforma basata su «fine della povertà», «giustizia razziale», «pace e diritti umani», «libertà ed eguaglianza» eccetera. Questo estremismo ideologico che sta esplodendo nella società civile si riscontra anche nelle élite dell'accademia e del business. Oggi a Harvard non si può essere a favore del clima senza essere a favore della cosiddetta DEI (Diversity, Equity and Inclusion), anticapitalisti e antimeritocratici.

Capitalismo e meritocrazia in crisi proprio dove sono nati

Gli autori di questo libro sono due appassionati paladini della meritocrazia e studiosi del ruolo che l'Università di Harvard ha avuto nel farla nascere nel 1933, quando ha istituito il SAT, un test standardizzato tra le prove di ammissione, e le borse di studio destinate ai migliori per avviare una vera e propria rivoluzione nella selezione delle élite americane nelle Ivy League, nelle quali in precedenza si laureavano solo i rampolli maschi, non troppo intelligenti (giocavano però bene a polo), figli dei grandi imprenditori della rivoluzione industriale negli Stati Uniti. Nel 1967, con la caduta dell'ultimo bastione del nepotismo, Yale, la rivoluzione era compiuta e i laureati erano i più bravi studenti americani, di tutte le estrazioni ed etnie, e soprattutto metà erano donne. Purtroppo, una decina di anni dopo aver raccontato questa affascinante storia (da seguire come esempio nel nostro Paese) nel saggio *Meritocrazia. 4 proposte*, precisamente a Harvard esplodeva il rigetto della meritocrazia, accusata di favorire le disuguaglianze da docenti di spicco della stessa università come Lani Guinier e Michael Sandel.

Il rigetto della meritocrazia si lega, proprio a Harvard, con la ricerca della sostenibilità e della responsabilità sociale, che hanno generato una nuova ideologia anticapitalista. Come già detto, Mike Porter, uno dei più illustri docenti di Harvard e noto guru della strategia, sostiene che non tutti i profitti sono uguali, perché quelli che derivano da un obiettivo sociale rappresentano una forma di capitalismo più elevato. Nel suo *Purpose + Profit: How Business Can Lift Up the World*,

George Serafeim afferma che le imprese devono ridefinire la loro finalità di fondo (il loro *purpose*, appunto) che non può coincidere solo con il profitto, ma deve includere anche l'ambiente e il sociale. Lo stesso tipo di pensiero si ritrova nel già citato *Reimagining Capitalism in a World on Fire* di Rebecca Henderson, la quale ritiene che lo *shareholder value* sia un'idea del passato.

Oggi queste idee sembrano avere definitivamente sepolto il dibattito che abbiamo già raccontato tra il premio Nobel Milton Friedman, sostenitore dell'idea che «l'obiettivo del business è il business», e i sostenitori della responsabilità sociale d'impresa. Per rivedere un dibattito a Harvard tra le idee liberiste di Friedman e quelle più in voga oggi nell'ateneo, immaginiamo che il Nobel torni dall'oltretomba e accetti di confrontarsi con un astro nascente (tanto nascente che, in effetti, non è ancora nato) del pensiero accademico sulla sostenibilità aziendale.

> *Moderatore*: Bentornato tra noi, professor Friedman, sono lieto di darle il benvenuto e di presentare l'altro ospite di questo dibattito, il professor Wok de Woke, titolare della cattedra di capitalismo inclusivo nel nostro Centro di studi antropologici, economici e sociali. Professor De Woke, a lei la parola.
>
> *Wok de Woke*: Che piacere incontrarti di persona, caro Milton. Posso chiamarti così, vero? Il titolo «professore» richiama una separazione dicotomica tra chi insegna e chi impara che nel nostro dipartimento vogliamo superare, in favore di un processo culturale non-binario. Il tuo pensie-

ro, sintetizzabile nella famosa frase «*the business of business is business*», per dire che le aziende devono pensare a guadagnare e non a fare del bene alla società, ha segnato un'epoca, ma oggi lo riteniamo decisamente superato. Crediamo che un'azienda debba fare ben di più che pensare solo ai profitti e alla ricchezza degli azionisti. In particolare, come sostiene George Serafeim in *Purpose + Profit*, è essenziale che le aziende abbiano uno scopo alto, che possa tradursi in benefici per la società, in motivazione per i suoi dipendenti, in soddisfazione per i suoi clienti, e in valore per i suoi fornitori e le comunità in cui opera il business. Per citare l'altra mia collega Rebecca Henderson, «il valore dell'azionista è un'idea di ieri».

Milton Friedman: Veramente, in questo inizio 2024, con le borse di tutto il mondo ai massimi storici, mi pare che la mia massima abbia i suoi sostenitori anche oggi. Ma questo non significa che le aziende non debbano avere un obiettivo. Per fare profitti a lungo termine, e quindi creare il famoso valore per l'azionista verso cui tu e i tuoi colleghi storcete il naso, un'azienda non può limitarsi a voler guadagnare. Deve anche convincere i clienti a comprare i suoi prodotti, i suoi fornitori e finanziatori ad aver fiducia in lei, e i suoi dipendenti a dare all'azienda non solo il loro tempo, ma la loro creatività e il loro impegno. Avere un obiettivo comune è un elemento essenziale di questo successo.

De Woke: Mi fa piacere che tu riconosca questo punto, caro Milton. Ma questa idea del *purpose* come semplice strumento per fare ancora più profitti, nei fatti usato come specchietto per le allodole per attirare i clienti e convincere i dipendenti a dare tutto di sé stessi all'azienda in cambio di una paga irrisoria rispetto a quella dei loro manager, la trovo, se possibile, ancora peggiore di quella di un'azienda che pensa solo a guadagnare, perché è ipocrita. Oggi la sostenibilità ha superato il vecchio concetto della responsabilità sociale di impresa, in cui le aziende facevano qua e là qualche opera benefica per ripulirsi la coscienza e continuare a fare i propri comodi a danno dell'ambiente e della società. Oggi la società è cambiata e chiede alle aziende che venga rispettato un vero e proprio «contratto sociale», in cui le aziende, per avere il diritto di esistere, devono guadagnarselo, facendo il bene della società e non causando disastri per la loro corruzione o avidità. Nel suo *For Profit* William Magnuson riprende molti esempi storici, dalle *societates publicanorum* degli antichi Romani alla Compagnia delle Indie, di imprese che in passato erano state fondate o comunque sostenute dagli Stati attraverso contratti pubblici e concessioni commerciali, ma che sono state sciolte quando hanno ecceduto nei privilegi che erano stati loro concessi, per la loro avidità e corruzione. Oggi la nostra società si è abituata al concetto di responsabilità limitata delle aziende, ovvero al fatto che corporation dal potere sempre più grande siano soggetti impersonali, e che i loro padroni non abbiano la minima responsabilità su ciò che esse fanno, mentre i manager si trincerano dietro una schiera di avvocati e dichiarano di assolvere al loro dovere nel cercare di fare sempre più profitti, nell'interesse degli azionisti che affidano loro i risparmi. È ora che questo scaricabarile finisca, e che le aziende siano chiamate dalla società a rispondere delle loro malefatte se non rispettano il contratto sociale. Come è accaduto con Purdue Pharma, l'azienda che, dopo aver avvelenato milioni di americani con i suoi oppiacei, ha finalmente dovuto dichiarare bancarotta.

Friedman: Sono d'accordissimo con te sulla necessità di liberarci della CSR, la responsabilità sociale d'impresa, ma trovo questi concetti del «diritto di esistere» e del «contratto sociale» ancora più pericolosi. Gli esempi dell'antichità che tu citi sono giustamente parte di un'epoca in cui la responsabilità limitata era l'eccezione, non la regola. All'epoca dei Romani, gli imprenditori potevano finire in schiavitù se non pagavano i debiti. Ritornare a quei tempi cancellerebbe secoli di progresso economico, basti pensare a cosa sarebbe di internet o di una buona parte delle nuove cure mediche che abbiamo oggi se non ci fosse stato il *venture capital*, che limita i rischi degli azionisti nelle startup. Concedere il «diritto di esistere» a un'azienda solo se fa questo fantomatico «bene della società», a giudizio poi non si sa di chi, ci trasformerebbe in un Paese totalitario in cui, com'è successo a Jack Ma in Cina, quando un imprenditore diventa scomodo per il potere viene messo in riga. Con la Rule of Law, lo Stato deve dettare le regole alle imprese, non la linea.

De Woke: Certo, è chiaro che le aziende debbano rispettare le regole, ci mancherebbe altro. Ma purtroppo il mondo di oggi è afflitto da problemi che non possono essere risolti dalle leggi e dalle regole del nostro Occidente. Pensa al riscaldamento globale, che sempre più è causato da quello che succede al di fuori del cosiddetto Occidente: dal carbone che si brucia in Cina o in India per alimentare le fabbriche che producono i nostri iPhone o i nostri vestiti, alle foreste equatoriali distrutte in Brasile per coltivare la soia con cui sfamare le mucche per la carne che mangiamo; dal Congo dove estraiamo il cobalto della nostra elettronica, al Sud Est asiatico dove viene prodotto l'olio di palma dei nostri biocarburanti. O pensa alle condizioni di lavoro nelle fabbriche dei fornitori delle nostre multinazionali, e alle ricadute ambientali delle loro lavorazioni. È chiaro che la tua regola aurea «le aziende pensino a fare profitti rispettando le regole fatte dagli Stati» non è applicabile al problema del clima.

Friedman: Intanto mi sembra che per il clima abbia fatto più Elon Musk, con la sua Tesla, la sua determinazione nel guadagnare cifre spropositate e la sua «scorrettezza politica», di tanti critici del profitto. Ma i problemi del riscaldamento globale che tu citi sono reali, solo che non possono essere risolti dicendo alle aziende che devono fare un'opera di buona volontà e non devono inquinare. Dopo le aziende che innovano, come la Tesla di Elon Musk, alcuni problemi del clima possono risolverli i mercati e la cooperazione tra gli Stati. Se gli europei sono contenti (o almeno accettano) di pagare più di cento euro per ogni tonnellata in meno di CO_2 a casa propria, dovrebbero essere felici di pagare la stessa somma per tagliarne tre o quattro in Asia. Il fatto che in passato questo mercato della CO_2 si sia rivelato pieno di bufale non è una buona ragione per non farlo ripartire, con gli Stati che fanno accordi seri sulle regole che deve avere, e i consumatori europei che si rifiutano di pagare la CO_2 in Europa quattro volte di più di quello che potrebbe costare in Cina. Questo concetto di collaborazione tra imprese innovative, Stati che fanno le regole giuste e una società civile, in primis di consumatori, informata e attiva mi sembra sia stato espresso in maniera interessante in un libro, dove è chiamato «triangolo della sostenibilità».

L'estremismo ideologico c'è anche dall'altra parte: i paladini del capitalismo negano l'emergenza climatica

L'idea che le aziende debbano occuparsi non solo di ambiente ma di tutti i temi sociali, riducendo le disuguaglianze e le discriminazioni e facendo ammenda per i propri profitti e le prevaricazioni che nei secoli hanno macchiato le società occidentali, è stata ribattezzata, come abbiamo visto, con l'espressione *woke capitalism*. All'inizio slogan dei liberal, è divenuto sempre più un'etichetta che i conservatori affibbiano alle idee troppo di sinistra che mortificano a loro vedere la cultura e l'economia americana. Ma i critici del *woke capitalism* non sono meno settari, estremisti e antiscientifici dei bersagli dei loro attacchi.

A parte personaggi come Elon Musk, da sempre controcorrente a parole e a fatti, sono in pochi i vertici del business e della finanza che criticano apertamente lo *stakeholder capitalism*, anche se lo pensano. Larry Fink di BlackRock è da anni il simbolo di questa ambivalenza, che rischia di diventare ambiguità: all'inizio sosteneva che le imprese in cui investiva dovevano occuparsi di società e ambiente, mentre in un secondo momento dichiarava che in ogni caso lo *shareholder value* è la priorità. In generale, è comunque difficile trovare a Wall Street critici dichiarati dello *stakeholder capitalism* perché l'East Coast, e in particolare New York, è dominata dai democratici progressisti. Uno dei critici più aggressivi del *woke capitalism* è Vivek Ramaswamy, laureato a Harvard e Yale, ex *hedge fund manager* arricchitosi grazie alla quotazione a Wall Street della sua società biotech, che si definisce un «traditore della sua classe» perché ha voltato le spalle al mondo che ha valorizzato i suoi prestigiosi titoli di studio e lo ha reso un uomo ricco.

Ramaswamy ha fatto leva proprio sulla critica al *woke capitalism* per la sua nuova carriera di saggista prima (*Woke, Inc.*) e di politico poi (nel 2023 si è candidato alle primarie presidenziali per il Partito repubblicano), attaccando su tutti i fronti l'ipocrisia della Corporate America e le icone di Wall Street come Goldman Sachs e Texas Pacific Group (TPG: la società di *private equity* che ha lanciato il più grande fondo impact-sociale del mondo), big tech come Amazon e Airbnb, e leader globali del largo consumo come Coca-Cola, Nike e Unilever. I suoi aneddoti che dimostrerebbero l'estrema ipocrisia dei vertici aziendali che predicano bene e razzolano male non salvano proprio nessuno. E oltre a essere un «traditore», ruba la parte ai tradizionali critici del capitalismo, che sono da sempre i democratici e i liberal.

Ma Ramaswamy non è più solo un uomo d'affari tramutatosi in saggista. È un neo-politico sbarcato nella nuova destra repubblicana che utilizza il *woke capitalism* per posizionarsi sulla stessa linea politica di Donald Trump contro i colossi di Wall Street che, a suo parere, sono solo alla ricerca di un grande potere, un'élite con un'agenda di sinistra che farebbe addirittura vacillare la democrazia. E in quanto politico repubblicano di destra include nella sua critica anche l'emergenza climatica (che ha definito una *hoax*, una «bufala»), promuove idee contro l'immigrazione (cosa perlomeno strana per un figlio di immigrati indiani), e chiede alla Corte Suprema di annullare l'approvazione concessa dalla Food and Drug Administration alla pillola abortiva.

Il triangolo della sostenibilità ha bisogno di pensatori con idee estreme senza ideologie

Nella dinamica del triangolo della sostenibilità devono intervenire pensatori anche estremisti, ma molto diversi da quelli di oggi. Il difetto che non devono avere è di essere settari, ovvero di aderire in modo acritico a un sistema di idee che definisca la loro tribù politica – dal clima alle discriminazioni razziali, dal capitalismo al genere –, e disprezzare chi non è del tutto allineato.

Greta che appoggia Hamas fa un danno alla sua battaglia per il clima, esattamente come la danneggiano gli accademici dello *stakeholder capitalism* e dell'ESG, perché rinforzano i dubbi degli scettici. Allo stesso modo, la giusta critica di Vivek Ramaswamy al *woke capitalism* rischia di danneggiare il capitalismo, perché ignorare il problema del clima e denunciarlo come una bufala della sinistra pone sotto una luce di ignoranza e opportunismo politico anche le sue critiche più azzeccate. La sua poco edificante performance nelle primarie repubblicane non ha fatto che confermare questo giudizio.

Alla fine il triangolo della sostenibilità ha bisogno di un serio dibattito tra persone che hanno idee fuori da questi schemi, come un ideologo della destra e del profitto che sia anche a favore della transizione energetica, o un critico delle politiche ambientali più costose e meno efficaci che non sia insensibile ai problemi sociali. Sono questi i pensatori che devono trascinare i protagonisti del triangolo in una visione della sostenibilità che vada ben oltre i pregiudizi creati dalle ideologie.

Le imprese devono decidere quali strategie adottare per affrontare la crisi climatica superando i dogmi dell'ESG e valutando con attenzione rischi e opportunità nel loro specifico business. La politica deve capire che il proprio ruolo è sussidiare in modo intelligente la transizione energetica e soprattutto farlo in modo costante nel tempo, e per questo non deve vedere la politica del clima in termini ideologici. Cambiare idea (e sussidi) a ogni cambio di maggioranza crea costi inutili, i cui benefici si perderanno al successivo cambio di governo, proprio quando imprese e cittadini avranno appena cominciato a rispondere agli incentivi del governo precedente.

La società civile deve pungolare le imprese a valutare i rischi delle loro scelte, ma accettando l'idea che le aziende non possono risolvere tutti i problemi del mondo e che perseguire il profitto è l'unico modo sostenibile (cioè non destinato a fallire quando i costi cresceranno troppo) con cui possono salvare il pianeta.

La società civile e l'accademia hanno avuto un ruolo essenziale nella prima fase del triangolo della sostenibilità, quello che ha portato le imprese che hanno scommesso sul pianeta a creare valore per i loro azionisti e a trovare soluzioni praticabili ad alcuni dei problemi della crisi climatica. Scienziati, intellettuali e accademici hanno spinto molti governi a sottoscrivere il protocollo di Kyoto, poi sfociato nello schema di sussidio delle rinnovabili di maggiore efficacia e durata, l'ETS europeo, e successivamente nell'accordo di Parigi. Gli attivisti hanno spinto i governi ad alzare l'asticella dei loro impegni a ogni COP. I consumatori hanno comprato le Tesla.

Ma per convincere i governi, le aziende più indietro nella transizione e i consumatori meno sensibili (e meno benestanti) ad accettare i costi di quello che resta da fare serve un pensiero diverso, che affianchi alla capacità di dare l'allarme quella di convincere la maggioranza dei cittadini che c'è una soluzione praticabile.

Dove devono nascere e come devono essere formati questi pensatori? Nelle università d'élite, che devono riscoprire il loro ruolo di utilizzare la diversità e l'inclusione per creare idee nuove estreme e non segregare minoranze e politicizzare gli atenei.

La parte più attiva della società civile, guidata da una ricerca scientifica, è stata la punta di diamante nell'avviare il triangolo della sostenibilità per la crisi climatica e deve ritrovare la sua capacità di indicare la strada al mondo della politica e dell'economia. Questa capacità è fondamentale anche per affrontare altre crisi oltre a quella del clima, che ne condividono la caratteristica di peggiorare col tempo e diventare potenzialmente esplosive.

10
Il triangolo della sostenibilità serve anche per altre crisi del ventunesimo secolo

Il clima non è l'unica crisi di sostenibilità. Minacce alla biodiversità dalla nostra dieta, alla democrazia da come usiamo i social e insostenibilità della sanità. Tre crisi che possono esplodere e che richiedono il loro triangolo

Oggi si parla tantissimo di sostenibilità, ma a nostro avviso si fa molta confusione. I creatori del concetto furono gli studiosi di un'organizzazione chiamata il Club di Roma, che videro molti rischi di insostenibilità nello sviluppo della nostra civiltà, anche se sul primo di questi, la sovrappopolazione, si sbagliarono.

Esistono invece diverse crisi potenziali che potrebbero diventare gravi come quella del clima, nella gestione delle risorse del pianeta e nel funzionamento delle nostre società, ma sono oggi spesso sottovalutate o non comprese.

Tre di queste sono la crisi della biodiversità, la potenziale crisi delle democrazie e delle società causata dal modello economico prevalente di internet, e l'insostenibilità della spesa sanitaria. Sono tre crisi molto diverse tra loro ma in ciascuna di esse sono minacciati a livello globale dei beni essenziali di cui fruisce l'umanità, di tipo ambientale o sociale.

Anche a queste crisi dovrà applicarsi il paradigma del triangolo della sostenibilità. Ma, affinché possa avviarsi, è necessaria una comprensione molto più approfondita delle dinamiche economiche e sociali che le alimentano, e delle possibili alternative a questi modelli insostenibili. Che, come nel caso dell'IPCC per la crisi del clima, deve partire da una ricerca scientifica ed economica multidisciplinare.

Che cosa è davvero la sostenibilità

Non tutti i problemi del ventunesimo secolo hanno una dinamica esplosiva come il riscaldamento globale. Nel 1972 un gruppo di studiosi internazionali riuniti nel Club di Roma pubblicò un libro, *I limiti dello sviluppo*, nel quale, attraverso modelli matematici sviluppati con i primi computer, si esploravano le conseguenze di una crescita progressiva della popolazione e dello sfruttamento delle risorse del pianeta. Il Club riteneva che l'intero sviluppo della società e dell'economia globale sarebbe stato insostenibile se non si fosse intervenuti, e vedeva nell'aumento della popolazione, che all'epoca appariva irreversibile, la prima causa del problema.

Oggi sappiamo che, almeno per quanto riguarda la crescita della popolazione, quella previsione era errata. Le Nazioni Unite ritengono che la popolazione mondiale, che ammonta a circa 8 miliardi nel 2023, raggiungerà un massimo di 10,4 miliardi di persone a metà degli anni Ottanta del secolo corrente, per poi cominciare a diminuire. Questa previsione è basata su un dato abbastanza concreto: già oggi, il tasso di fertilità (figli per donna) medio nel mondo è pari al cosiddetto «tasso di sostituzione», cioè a quanti figli servono a sostituire le generazioni precedenti, ed è in continua decrescita. La popolazione continuerà ad aumentare per un po' perché le fasce di età più anziane sono meno popolate di quelle che nascono oggi, ma la crescita si fermerà in un paio di generazioni.

La discesa del tasso di fertilità è fortemente correlata allo sviluppo economico. Che ne sia la causa o l'effetto (più probabilmente entrambi) è oggetto di dibattito, ma è assolutamente evidente che Paesi molto popolosi e in forte sviluppo come l'India hanno già oggi un tasso di fertilità di poco oltre i due figli per donna, contro i sei di sessant'anni fa. Da questo punto di vista lo sviluppo della popolazione e delle economie non è affatto insostenibile.

Come sappiamo, sul fronte del clima le notizie non sono altrettanto rassicuranti. La produzione attuale di anidride carbonica delle attività umane è già oggi largamente superiore a quanto i suoli, i mari e le foreste nel mondo siano in grado di assorbire, e quindi si accumula nell'atmosfera. Per di più lo sviluppo economico, se non cambiamo i nostri modelli di produzione e consumo, peggiora le cose perché i ricchi emettono molta più CO_2 dei poveri.

In questo libro vogliamo tornare alla definizione di sostenibilità e insostenibilità del Club di Roma, chiamando «insostenibile» un fenomeno sociale o economico le cui conseguenze negative tendono a crescere nel tempo e che, se non vengono consapevolmente cambiate le tecnologie, i modelli di consumo e i modelli di business che lo alimentano, creano una crisi a causa della quale la società e l'ambiente che ci circonda vanno incontro a costi e disastri che divengono sempre più grandi man mano che passa il tempo.

I fenomeni economici e sociali insostenibili sono quelli per i quali l'approccio della triangolazione – ovvero il coinvolgimento «a staffetta» dell'innovazione delle imprese, di una regolamentazione lungimirante e di una società civile informata e combattiva – risulta assolutamente essenziale. Ci sono diverse crisi, già presenti o potenziali, in aggiunta a quella del clima, in cui la dinamica è altrettanto esplosiva perché stiamo consumando le risorse dell'ambiente a una velocità maggiore di quella in cui la natura è in grado di rimpiazzarle, oppure accettiamo che un problema o un costo sociale crescano a dismisura, tipicamente perché chi li fa crescere ci guadagna come produttore e si trova bene come consumatore, e il conto lo pagherà qualcun altro. Quando questa dinamica dello scaricabarile ambientale e sociale è associata a tendenze in crescita apparentemente irreversibile in tutto il mondo, allora sono guai, ed è necessaria un'inversione di rotta che né gli Stati, né le aziende, né i consumatori sono in grado di determinare da soli, e possiamo solo sperare di attivare una triangolazione simile a quella per il clima.

In questo capitolo vedremo tre esempi di crisi molto poco comprese dalla società civile e su cui gli Stati da soli possono fare ben poco: la perdita di biodiversità associata alla deforestazione, l'economia digitale dei media online potenziata dall'IA, e la crescita inesorabile dei costi della sanità.

La biodiversità a rischio per colpa più dell'hamburger che della caccia alle tigri

Molti studiosi ritengono che la cosiddetta «riduzione della biodiversità», un termine che indica il fatto che all'interno di un ecosistema viva un grande numero di specie animali e vegetali, sia un problema ambientale altrettanto gigantesco della crisi climatica, cui è collegata. Tuttavia, non esiste una definizione di «biodiversità» valida per l'insieme di tutti gli ecosistemi terrestri. Gli studi che vengono svolti, vista anche l'enorme complessità dell'argomento, si riferiscono per lo più a un ecosistema specifico, come una foresta, o al più un tipo di foreste, minacciati dal cambiamento climatico o dalla deforestazione. A volte la si misura prendendo un quadrato di terreno e contando le specie diverse che si trovano rappresentate. Ciò rende l'idea di quanto ancora resti da capire sulle complesse relazioni tra le specie animali, vegetali e le varie specie di funghi che popolano il terreno.

Il problema di biodiversità che per primo ha catturato l'attenzione dell'opinione pubblica è stato quello del rischio di estinzione di alcuni mammiferi di grossa taglia: tigri, rinoceronti, panda. Il panda è divenuto simbolo del WWF, ma la scienza non ha mai chiarito bene quali danni avrebbe causato all'umanità la sua scomparsa. È poi venuto il timore per il rischio di estinzione delle api, che avrebbe potuto trascinare con sé un numero incalcolabile di specie vegetali. Ma anche qui, passando dalla scienza al grande pubblico, si è fatta un po' di confusione, perché le specie di api sono moltissime, si stima oltre 20.000, e quella più diffusa (la *Apis mellifera*, o ape da miele) è, paradossalmente, oggetto di benintenzionati tentativi di proteggerla mediante la costruzione di alveari fai-da-te spacciati come investimento per l'ambiente. L'ape da miele, tuttavia, non è affatto a rischio di estinzione perché allevata in tutto il mondo. Anzi, alcuni studiosi ritengono che la sovrappopolazione di api da miele possa aumentare il rischio per le altre specie.

Una minaccia ben più concreta per l'umanità è quella che riguarda interi ecosistemi di vaste dimensioni, minacciati dalla deforestazione. Tra questi ci sono le grandi foreste equatoriali, tra cui la maggiore è la foresta amazzonica. La perdita di questi ecosistemi avrebbe conseguenze gravissime sia sul clima sia sulle acque del pianeta, e in ultima analisi sulla sua capacità di sfamare l'umanità. La deforestazione in Sud America può ridurre a lungo termine la produzione di soia e in Asia quella di riso, e causare la fame per milioni di persone.

Nel suo *The Ecology of Commerce*, Paul Hawken scrive: «La mia esperienza nel mondo dell'ambiente mi aveva illuso di essere al corrente della crisi che ci troveremo a fronteggiare. Eppure, quando ho approfondito per mesi decine di documenti scientifici, mi sono reso conto che neanch'io ero al corrente della gravità del degrado ambientale e della riduzione della biodiversità, e di quanto poco i media la riportano al grande pubblico». E inizia il suo saggio con un dato: «Ogni anno perdiamo 25 miliardi di tonnellate di terreno fertile, l'equivalente di tutte le coltivazioni di grano dell'Australia».

La perdita di foreste porta a un impoverimento dei suoli e degli ecosistemi generalmente irreversibile. Se anche cambiassimo idea e volessimo ripiantarle, non ricreeremmo un ambiente così ricco di specie diverse e subiremmo così la scomparsa di altri protagonisti dell'ecosistema: dalle specie predatrici e quelle che trasportano il polline, ai funghi che arricchiscono i suoli.

La scomparsa delle foreste è spesso imputata a una combinazione di consumi voluttuari o comunque non essenziali dell'Occidente, dai legnami tropicali per l'arredamento all'olio di palma per i biocombustibili. Ma più di questi fenomeni, l'impatto maggiore lo ha la crescita dell'agricoltura e dell'allevamento necessaria a far fronte a una popolazione mondiale che continua a crescere e che, soprattutto, sta cambiando la sua dieta e i suoi stili di vita.

Infatti, ben più dell'aumento di popolazione pesa l'uscita di miliardi di persone dalla soglia di povertà, e il conseguente aumento dei consumi di carne. Pochi numeri dimostrano il rischio di insostenibilità: 770 chilogrammi di CO_2 per chilo di proteina di carne bovina contro 6 chilogrammi di CO_2 per chilo di tofu, mentre il consumo di carne bovina negli Stati Uniti è di 26 chilogrammi pro capite l'anno, contro i 6 in Cina e il chilo e mezzo in Nigeria. L'alimentazione dei Paesi ricchi è inefficiente dal punto di vista delle emissioni di CO_2, ma anche i Paesi in via di sviluppo, riducendosi la povertà, vogliono mangiare carne.

Ma CO_2 e clima non sono l'unico problema; rischiamo che le aree agricole del pianeta siano insufficienti. Oggi l'agricoltura occupa circa un terzo delle terre emerse, 50 milioni di chilometri quadrati. Un gruppo di scienziati ha calcolato che se il resto del mondo adottasse la dieta degli Stati Uniti servirebbe una superficie agricola quattro volte maggiore, per la quale ovviamente non ci sono terreni disponibili anche perché le terre non coltivate oggi sono in gran parte aree montuose, desertiche o ricoperte dai ghiacci dell'Antartide. L'impoverimento dei suoli per pratiche agricole non sostenibili (come le monocolture) rischia di accelerare il problema. La crescita di domanda di terreni coltivabili si scarica spesso sulle foreste, e la dinamica di insostenibilità accelera ulteriormente.

Più che dei panda e del legno di teak, preoccuparci della sostenibilità significa intervenire con decisione su ciò che mangiamo, su come lo si coltiva e, soprattutto, su come si coltivano i mangimi dei nostri animali.

Intelligenza artificiale e crisi sociali: il grande equivoco

Un'altra potenziale crisi, stavolta di natura sociale, raggiunge forse il primato del rischio meno compreso e più dibattuto della nostra epoca: parliamo delle potenziali ricadute negative degli sviluppi tecnologici, e in particolare dell'intelligenza artificiale (IA).

A partire dall'apparizione in pubblico di ChatGPT, che con i suoi 100 milioni di utenti conquistati in soli sette mesi dal lancio ha battuto ogni record di crescita nel mondo tech, l'IA è diventata uno degli argomenti di discussione preferiti da futurologi, sociologi, business guru ed esperti di tecnologia (veri o presunti), con grande risonanza su tutti i media. Il timore che robot con un'intelligenza artificiale superiore a quella dell'uomo possano dominare gli esseri umani è ricorrente, ma quanto probabile? Queste preoccupazioni sono tutt'altro che recenti: nel 2014, otto anni prima del lancio di ChatGPT, è stata pubblicata una lettera aperta a firma di vari esperti, imprenditori del settore (tra cui Elon

Musk) e scienziati (tra cui Stephen Hawking), che paventava i rischi di una IA che sfuggisse al controllo dell'umanità.

Questo timore «esistenziale» per l'umanità è in realtà la forma più estrema di diverse altre preoccupazioni: l'intelligenza artificiale potrebbe rendere obsolete decine di occupazioni intellettuali (dall'avvocato al giornalista) un tempo ritenute al sicuro dalla sostituzione tecnologica, o rendere possibile una guerra cibernetica dalle conseguenze ancora più catastrofiche dei conflitti attuali, o indurre molte persone a perdere interesse nei rapporti umani, a favore di relazioni totalizzanti con sistemi intelligenti capaci di interagire con loro, e di capirne le esigenze psicologiche in modo eccezionalmente efficace.

Ovviamente nessuno sa se (e quando) qualcuno tra questi timori potrà manifestarsi. Ma la presenza di alcune paure ricorrenti associate alla tecnologia e dimostratesi eccessive in passato, come quello della perdita massiccia di posti di lavoro, rafforza un certo scetticismo nei confronti di questi timori.

È probabile che il rischio più concreto per la società non siano i robot guidati dall'IA, bensì che l'intelligenza artificiale possa semplicemente potenziare ciò che di male la tecnologia ci sta già facendo oggi, approfittando delle nostre debolezze. Più che di macchine troppo intelligenti è giusto aver paura di uomini che lo sono troppo poco.

Già oggi, anche senza l'effetto degli ultimi sviluppi dell'IA, è a rischio la capacità di discernimento degli utenti comuni di internet, cioè di tutti noi, dei contenuti pericolosi da cui siamo già sommersi tutti i giorni per effetto degli algoritmi che guidano le nostre scelte in rete. Questi contenuti sono pericolosi perché sono disegnati per adattarsi, e inevitabilmente rafforzare, i nostri pregiudizi. Toccano tutti i campi del nostro agire sociale, dalla politica, alla salute, ai rapporti tra le persone, e ci vengono proposti dai social network, dalle applicazioni di messaggistica, dai video di YouTube e dai motori di ricerca.

Gli algoritmi sono disegnati con un unico fine: massimizzare la loro capacità di attrazione e cattura della nostra attenzione o, come si dice nel settore, di *engagement*. Quando, per esempio, un utente cerca informazioni sulla cronaca o vuole partecipare a una discussione, l'algoritmo adatta le sue proposte a ciò che attira di più l'utilizzatore, misurando la capacità dei contenuti di tenerlo incollato allo schermo. In questo modo aumenta il tempo di utilizzo, migliora la profilazione dell'utente (ovvero ciò che il social sa di noi) e crescono i ricavi pubblicitari. È quella che potremmo chiamare «economia dell'attenzione».

In questa interazione uomo-macchina, emergono tutte le nostre debolezze e vulnerabilità. Numerose ricerche scientifiche provano che nella ricerca di informazioni e notizie siamo portati a credere a ciò che conferma i nostri pregiudizi (*confirmation bias*). Siamo inoltre attratti verso opinioni e contenuti sempre più aggressivi ed estremi, che all'inizio ci sembrano esagerati o repellenti, ma ai quali ci abituiamo progressivamente. Queste due caratteristiche della nostra psiche ci portano a ricercare e accogliere in prevalenza opinioni e commenti che si formano all'interno di gruppi ristretti, detti *echo chambers*, in cui commenti che si rinforzano tra loro rimbalzano tra utenti come in un'eco ed evolvono progressivamente verso posizioni estreme. La strumentalizzazione di queste debolezze per fini politici – evidenziata dal caso Facebook-Cambridge Analytica, a causa del quale Zuckerberg venne trascinato davanti al Congresso degli Stati Uniti perché accusato di aver permesso ai dirigenti di Cambridge Analytica, una società di consulenza britannica, di violare la privacy degli utenti di Facebook e lanciare su di essi campagne politiche conservatrici, dalla Brexit all'elezione di Trump – le rende particolarmente pericolose.

I giganti dell'«economia dell'attenzione» come Google, che possiede YouTube, e Meta, che possiede Facebook e Instagram, stanno impiegando investimenti massicci in capitale umano e tecnologia per filtrare i contenuti più offensivi e dannosi. Questo filtro non è però esente da rischi, perché le grandi piattaforme acquisiscono il potere di decidere cosa è giusto e cosa è sbagliato nei dibattiti. Non è difficile immaginare che modelli di IA possano rendere molto più efficace l'indottrinamento estremista che esercitiamo su noi stessi affidandoci ciecamente ai nostri pregiudizi. ChatGPT è chiaramente programmato per assecondare il suo interlocutore. Alcuni sono riusciti a guidarlo a esprimere opinioni razziste. La «corsa agli armamenti» dei giganti di internet per sviluppare modelli di IA sempre più sofisticati nell'intercettare le nostre preferenze rischia di estendere questo modello distorto della ricerca di informazioni, inquinato dai nostri pregiudizi, che si rafforzano sempre di più nelle nostre *echo chambers*, a nuovi settori, oggi serviti da informazioni meno mirate sulle nostre preferenze, come l'istruzione o le attività professionali.

Una crisi delle istituzioni politiche e sociali dei Paesi democratici non è impensabile (quelle dei Paesi autoritari tecnologicamente competenti sono invece molto rafforzate). Già oggi l'opinione espressa dalle istituzioni è vista da molti come espressione faziosa di chi è al governo, o di chi si oppone alla volontà del popolo per rafforzare il potere della burocrazia. In questo caso qualsiasi ipotesi di intervento regolatorio verrebbe visto come una prova del complotto in atto.

Il modello di fruizione gratuita dei contenuti è al cuore di questo problema. Se pago per informarmi, faccio una scelta consapevole basata, oltre che sui miei gusti, anche sulla credibilità della fonte. Se chi mi propone l'informazione non cerca di essere autorevole ma solo di attirare la mia attenzione il più a lungo possibile, i rischi di estremismo, faziosità e fake news cresceranno sempre di più.

Il problema dell'inaffidabilità delle fonti di informazione che privilegiano l'*engagement* si somma a un'altra caratteristica dei media digitali, quella di poter beneficiare di tutte le economie di scala dei media tradizionali pur presentando informazioni ritagliate su ciò che ciascun lettore apprezza.

L'importanza dell'obiettività nell'informazione di stampa, radio e televisione è risultata storicamente molto rafforzata dalla necessità dei media di darsi un codice di comportamento per non perdere introiti pubblicitari. I grandi inserzionisti hanno sempre chiesto loro di evitare di alienarsi potenziali lettori, soprattutto perché all'inizio questi media avevano una diffusione locale e puntavano quindi a essere letti e apprezzati da tutti i cittadini. Oggi invece Google, YouTube, Instagram e Facebook possono liberamente propinare a ciascuno di noi una dieta di informazione totalmente personalizzata, senza che persone con idee opposte alle nostre vedano le stesse cose e ne risultino offesi. Il progressivo crollo della diffusione e del peso economico dei media tradizionali si trasforma così in un'altra picconata alla qualità del dibattito democratico in tutti i Paesi.

Oltre che a quella delle loro democrazie, i Paesi più ricchi fronteggiano la crisi di un altro bene prezioso che nell'ultimo secolo ha garantito un livello accettabile di equità sociale: il welfare della sanità.

La sanità insostenibile per l'economia e la matematica, ma non per i guru dell'ESG

Il rischio di insostenibilità (economica) della spesa sanitaria dei Paesi sviluppati, e in particolare degli Stati Uniti, è un tema che precede di molti anni i dibattiti e le iniziative sul cambiamento climatico. Il costo crescente delle cure costringe chi paga le spese, cioè gli Stati e le assicurazioni, a trasferirne una quota sempre maggiore sui pazienti, trasformando l'insostenibilità economica in una bomba sociale.

Si tratta di un rischio sociale ben noto, eppure coloro che si occupano di sostenibilità quasi mai lo intercettano. Se dei rischi sulla biodiversità si è capito poco perché tutti ne parlano ma nessuno sa misurarli, e se dell'IA si parla tantissimo ma in modo errato, il tema dell'insostenibilità sanitaria viene discusso e misurato, ma paradossalmente si pensa che non abbia nulla a che fare con la sostenibilità, intesa come ESG. Addirittura, per diverse banche desiderose di migliorare le proprie credenziali ESG, finanziare le aziende farmaceutiche rappresenta un ottimo modo per ripulire il proprio portafoglio da clienti scomodi come quelli che emettono tanta CO_2. Ma la sostenibilità economica dei sistemi che permettono alle persone di non finire in bancarotta se si ammalano gravemente, siano essi gli Stati o le assicurazioni private, è un bene sociale fondamentale. E oggi è clamorosamente a rischio.

La spesa sanitaria degli Stati Uniti continua a crescere sia in valore assoluto sia in relazione al PIL (oggi è al 18%), e la stessa dinamica si osserva in tutti Paesi sviluppati: Germania e Francia spendono meno (11%) e l'Italia è ancora più virtuosa (9%), ma la spesa mostra dappertutto la stessa dinamica in forte crescita. Su questo fronte, gli Stati Uniti cercano di agire da decenni con grandi riforme. Già nel 1984 è nata una regolamentazione per stimolare la nascita dei farmaci generici, che possano offrire trattamenti a prezzi molto più convenienti, utilizzando lo stesso principio attivo del farmaco originariamente brevettato dopo che il brevetto era scaduto o veniva sostituito con farmaci che avevano poco di innovativo. L'Affordable Care Act firmato da Obama nel 2010 ha aumentato le possibilità di accesso alla sanità per i più deboli e meno abbienti, espandendo la copertura assicurativa privata anche con sussidi pubblici, e ha agito anche sui costi, promuovendo la prevenzione, riducendo i costi amministrativi e imponendo a Medicare e Medicaid di negoziare i prezzi dei farmaci, cosa che in Europa facciamo da decenni.

Il rallentamento della crescita della spesa misurata negli ultimi anni ha fatto sperare alcuni autorevoli commentatori, tra cui i giornalisti dell'«Economist», che la tendenza al rialzo possa essersi fermata. Certamente alcuni fattori come la riforma sanitaria americana e l'inflazione ridotta nel settore in Europa, molto legata alla dinamica degli stipendi del settore pubblico, hanno avuto un importante impatto. Ma si tratta di effetti una tantum, e le dinamiche di lungo periodo rischiano di riportare la traiettoria sui livelli precedenti.

Ci sono due ragioni di fondo per cui ciò avviene. Della prima si parla molto, ed è l'invecchiamento della popolazione, che in alcuni Paesi, come l'Italia, è più pronunciato, mentre in altri, come gli Stati Uniti, è in gran parte compensato dall'immigrazione. La seconda ragione è che il costo delle migliori cure, a parità di età e di malattia, sta crescendo in modo esponenziale. Le aziende del mondo della sanità investono per trovare nuovi farmaci sempre più innovativi, ma anche sempre più costosi. La diagnostica fa passi da gigante, la tecnologia digitale e l'IA migliorano continuamente la qualità del servizio e il *targeting* e la personalizzazione delle terapie. In un'economia di mercato, questa «corsa agli armamenti» verrebbe fermata dal fatto che solo pochi ricchi potrebbero permettersi trattamenti e diagnosi così costose. In fondo, anche il settore del lusso sta crescendo, ma in questo caso l'incremento della spesa è limitato dal numero di ricchi, ed è quindi una dinamica che non genera costi per il resto della società. Non è così per la sanità, dove è in gioco la vita delle persone. Se un paziente sa che è disponibile una terapia in grado di guarirlo da una malattia, magari grave, anche se non può permettersela non vi rinuncerà con la stessa facilità con la quale rinuncia a una borsa di Prada, né accetterà che qualcuno possa permettersela e lui no. Anche le società che più tollerano le diseguaglianze come quella statunitense spendono sempre di più per i poveri e gli anziani: possiamo anche chiudere un occhio sul fatto che i poveri vivano all'interno di case brutte in luoghi inquinati e mangino *junk food*, ma tolleriamo meno che su un letto d'ospedale ai poveri vengano negate le cure.

Chi paga la sanità è inesorabilmente costretto ad aumentare i costi, che si tratti del pubblico, come avviene in gran parte dei sistemi sanitari europei, del privato, come accade nel modello americano, dove sono spesso i datori di lavoro a pagare ai dipendenti un'assicurazione privata, o delle famiglie che, con la spesa cosiddetta *out of pocket*, pagano di tasca loro perché non sono protette né dal pubblico né dal privato, come purtroppo sta avvenendo in proporzioni sempre maggiori in Italia.

Questo è il motore fondamentale della crescita della spesa sanitaria, ed è assolutamente globale perché riguarda tutte le società ed economie del mondo. Per comprenderlo appieno, è necessario guardare a cosa accade nel primo mercato mondiale dei servizi sanitari, quello degli Stati Uniti. Il sistema sanitario americano sconta una serie di problemi tipici della società statunitense: l'obesità della popolazione, causa principale, secondo molti, della vita media inferiore degli americani, e il sistema giuridico, in cui, grazie alla cosiddetta *tort law*, le persone che si ritengono danneggiate da pratiche mediche scorrette possono fare causa alle aziende sanitarie e ottenere risarcimenti altissimi, cosa che ovviamente aumenta i costi a carico di ospedali e medici, che devono pagare costose assicurazioni, e degli stessi protocolli di diagnosi e cura, sempre più orientati verso la cosiddetta «medicina difensiva», in crescita anche in Europa ma che negli Stati Uniti raggiunge livelli altissimi. Ma il fattore al centro della bomba a orologeria della sanità americana è l'architettura complessa del sistema sanitario statunitense, in cui i pagatori pubblici, Medicare per gli anziani e Medicaid per i poveri, e privati, soprattutto assicurazioni, finanziano «fornitori di sanità» privati: medici, ospedali, centri di cura e riabilitazione. Questo sistema, oltre a essere costoso dal punto di vista amministrativo, non dispone di chi possa ottimizzare le scelte di costo e di servizio nell'interesse della totalità dei pazienti.

In Italia la diagnostica fa un larghissimo uso della poco costosa ecografia anche perché le risorse economiche a disposizione delle strutture sanitarie sono poche. Il rapporto costo-efficacia è però eccellente, soprattutto se il medico è bravo, come sono molti dei nostri ecografisti. Negli Stati Uniti, invece, si tende a utilizzare la TAC, che costa moltissimo, anche per diagnosi semplici, con l'unico beneficio sostanziale di dotare il medico di un riscontro oggettivo alla sua diagnosi per difendersi da potenziali cause future.

Negli Stati Uniti i «fornitori di sanità» (gli ospedali) devono fare profitti e quindi cercano non solo di offrire trattamenti di avanguardia dal punto di vista medico e alberghiero, ma anche di offrirne tanti, con il risultato che spesso si assiste a un'iper-medicalizzazione con diagnostica, terapie e chirurgie eccessive. Vista la loro redditività, i fornitori di sanità americani hanno tutto l'interesse a promuoverli. Le assicurazioni offrono coperture estese e costose per questi trattamenti a chi se li può permettere (individui abbienti e grandi aziende), e su queste polizze fanno maggiori fatturati. Quest'offerta convive con quella di coperture «povere», che spesso non permettono ai pazienti di avvalersi di un trattamento di avanguardia.

Il pericolo per il resto del mondo è che la sanità americana, costosa e mediamente poco efficace, è però la migliore del mondo per chi può permettersela: il 40% del turismo sanitario mondiale è costituito da coloro che scelgono, potendo, di curarsi negli Stati Uniti. Quindi le pratiche e i protocolli di cura sviluppati oltreoceano tendono, inevitabilmente, a essere copiati nel resto del mondo.

C'è un altro fattore di crescita della spesa sanitaria generato dagli Stati Uniti. La gran parte dei farmaci innovativi viene sviluppata lì, o comunque per quel mercato, da multinazionali americane o globali per le quali il ricco mercato americano rappresenta la fonte di reddito necessaria per giustificare le crescenti spese di ricerca. Oggi gli Stati Uniti rappresentano il 52% del mercato farmaceutico mondiale, contro solo il 27% rappresentato dall'Europa.

La sanità europea sta andando nella stessa direzione di quella americana, perché la sanità pubblica comincia a essere affiancata da forme di assistenza private e stanno crescendo le assicurazioni private. Nel frattempo, gli ospedali pubblici vengono valutati in termini di efficienza per la loro capacità di fornire un elevato volume di cure sofisticate a costi contenuti, replicando nei fatti gli incentivi alla crescita dei profitti che hanno gli ospedali privati.

La malattia della sanità americana sta contagiando tutto il mondo e il rischio di insostenibilità della sanità mondiale è un problema globale che nessun governo riesce a risolvere da solo. Il rischio di una crisi non è inferiore a quello delle altre crisi raccontate in questo capitolo, e i modelli economici di Stati e aziende rischiano di saltare. Bilanci dello Stato, assicurazioni, multinazionali farmaceutiche e di diagnostica, grandi organizzazioni di fornitori di sanità... tutti rischiano. Ma soprattutto rischiano i cittadini.

Cosa rende queste crisi davvero insostenibili e perché gli Stati non riescono a risolverle

Gli ingredienti dell'insostenibilità osservati nella crisi climatica sono tutti presenti nelle tre crisi potenziali che abbiamo descritto: la perdita progressiva di un bene essenziale per l'umanità; un problema di natura globale, non affrontabile dai singoli Stati, che cresce con lo sviluppo economico e tecnologico della nostra civiltà; l'assenza di meccanismi di autoregolamentazione, in grado di arrestare il progredire del problema prima che sia troppo tardi. I beni essenziali minacciati sono, rispettivamente, la biodiversità e la capacità della terra di sfamare i suoi abitanti; la qualità del dibattito politico di democrazie più o meno imperfette che governano la maggioranza dei Paesi del mondo; e la sostenibilità finanziaria dei regimi di assistenza sanitaria, pubblica o privata.

Il problema della scomparsa delle foreste equatoriali è ovviamente globale, e i tentativi fatti finora da parte dei Paesi ricchi e delle organizzazioni internazionali, di natura pubblica o privata, di convincere Stati come il Brasile ad accettare le regole proposte dal resto del mondo si sono sempre arenati di fronte a un secco no. Anche quando il governo brasiliano ha voluto limitare la deforestazione, lo ha fatto per preservare una risorsa considerata innanzitutto nazionale, sulla quale i suoi leader non hanno mai accettato alcuna perdita di sovranità.

Anche i rischi per le democrazie derivanti dalla perdita di vitalità del dibattito democratico, seppur legati alle dinamiche politiche di ciascun Paese, trovano un fattore comune nella perdita di influenza che soffrono in tutto il mondo le tradizionali *agorà* delle democrazie: i media indipendenti. La stragrande maggioranza di questi ha chiuso o è in grave difficoltà perché soppiantata da modelli online basati proprio su quella che abbiamo chiamato «economia dell'attenzione». Alcuni tra quelli che sopravvivono e godono di buona salute economica (come il «New York Times» o Fox in America) hanno riprodotto la selezione di un gruppo di utenti con idee politiche molto allineate tra loro, tipica delle *echo chambers* create dai social media. La polarizzazione dello spettro politico su posizioni intransigenti che non ricercano alcun compromesso tra loro segue questa tendenza isolazionista degli elettori. I giganti tecnologici che governano i social media sono basati in un Paese (spesso negli Stati Uniti, ma in misura crescente anche in Cina) ma hanno un'influenza globale.

L'universalità dei principi democratici è oggi spesso messa in dubbio, sottolineando come l'effettiva presenza di una democrazia pienamente funzionante riguardi solo una minoranza della popolazione mondiale (circa il 30%, secondo i parametri dell'Economist Intelligence Unit), e che la percentuale sia in discesa. D'altra parte, sono molto di più i Paesi in cui si tengono elezioni politiche (70% della popolazione mondiale), indicando che, anche nelle autocrazie, molti leader ritengono necessario convincere i propri concittadini che stanno partecipando a una forma di democrazia. Che rappresenta quindi una fiammella di speranza altrettanto importante da coltivare e rafforzare che nelle democrazie robuste.

La sanità pubblica appare il più classico dei problemi regolabile dagli Stati, ma molte dinamiche sfuggono alla regolamentazione nazionale. Le aziende del settore, sia quelle che operano a livello globale (sviluppando farmaci e tecnologie di trattamento), sia quelle che operano nei vari sistemi sanitari nazionali (ospedali e aziende assicurative), puntano a massimizzare ricavi e profitti, come fanno tutte le aziende del mondo. Ma i sistemi assicurativi della sanità pubblica e privata separano il ruolo del cliente che beneficia del servizio da quello di chi paga (lo Stato o la compagnia di assicurazioni). Per cui, mentre tutti gli altri business devono gestire dei compromessi per offrire un prodotto a un prezzo che i propri clienti si possano permettere, scegliendo se fare come Walmart e Amazon (tanti clienti, prezzi abbordabili) oppure come Hermes e Ferrari (pochi clienti, prezzi altissimi), le aziende della sanità possono fare entrambe le cose: scoprono un prodotto (un farmaco, un *medical device* o un protocollo di diagnosi o cura) migliore degli altri presenti sul mercato, costi quel che costi, e lo offrono a chi può permetterselo. Poi, progressivamente, quel prodotto diventerà lo standard di cura, e le assicurazioni pubbliche o private che non lo rimborsano saranno accusate di mettere a rischio la salute dei propri clienti. Il trattamento giornaliero di un obeso con i nuovi farmaci a base di semaglutide e tirzepatide (Ozempic e Wegovy della Novo Nordisk, e Zepbound della Eli Lilly) costa tra 5000 e 14.000 dollari all'anno. Se si volesse estendere la disponibilità, a questi prezzi, a tutti i 120 milioni di obesi americani, il costo sarebbe tra i 600 e i 1700 miliardi di dollari, ovvero tra il 2% e il 6% del PIL degli Stati Uniti, assumendo che le aziende farmaceutiche riescano a superare i problemi di produzione che oggi limitano la disponibilità di questi farmaci.

Cosa fa sì che queste crisi corrano il rischio di esplodere? Il fatto che in tutti i casi c'è un rapporto perverso tra chi produce, chi consuma e chi subisce i danni, che è sempre diverso dal consumatore/cliente. Gli economisti chiamano questo fenomeno «esternalità negative». Noi potremmo, più semplicemente, definirlo «scaricabarile».

Nel caso della crisi climatica, le aziende producono beni e servizi usando energia fossile e li vendono ai consumatori, che a loro volta usano direttamente energia fossile nelle loro auto e nelle loro case. I combustibili fossili costano mediamente meno e a pagare il conto sarà il pianeta o, per essere più precisi, le generazioni future che lo abiteranno.

Nel caso della deforestazione avviene lo stesso: gli agricoltori producono soia per i mangimi degli allevatori, che a loro volta producono cibi sempre più avidi di risorse naturali come la carne bovina, spedendo il conto ai nostri figli e nipoti.

L'economia dell'attenzione vede i giganti di internet vendere le informazioni sui nostri profili agli inserzionisti, spingendoci verso un consumo dell'informazione che aumenta l'*engagement* e limita il nostro spirito critico, facendoci pagare un prezzo salato come elettori in termini di vitalità delle nostre democrazie.

Nella sanità le aziende farmaceutiche, tecnologiche e ospedaliere propongono ai medici soluzioni sempre più costose e queste le prescrivono ai pazienti che ribaltano il conto sui sistemi sanitari pubblici o le assicurazioni private, che si uniscono alla festa girando il costo ai datori di lavoro, agli Stati o direttamente agli assicurati.

I meccanismi di «libero mercato» di questi quattro settori girano con le risorse (naturali o economiche) di qualcun altro, e la cosa, ovviamente, non è sostenibile.

Come avviare un triangolo per contrastare queste crisi

Oggi non sappiamo quanto queste potenziali crisi globali siano un rischio reale o se siamo di fronte a minacce alle quali i mercati e la tecnologia troveranno una risposta prima che si trasformino in un disastro. La politica e la regolamentazione degli Stati, come abbiamo visto, non sono oggi in grado di affrontarli. E anche la consapevolezza della loro gravità e delle loro vere cause da parte della società civile appare in ritardo. Sul problema della perdita di biodiversità, la stessa comunità scientifica ha prodotto una pletora di studi di tipo biologico, sociologico ed economico, ma non ha coagulato un reale consenso sulle priorità. La biodiversità manca di indicatori coerenti in grado di allineare le policy e gli investimenti. Fioccano i convegni sull'etica dell'IA e sui rischi per le democrazie, ma le vere problematiche non vengono mai focalizzate e trasformate in azioni concrete. I costi della sanità vengono dibattuti soprattutto per criticare i tagli della spesa pubblica e i tentativi di riforma non affrontano quasi mai il cuore del problema.

Ci sono invece i primi tentativi da parte di aziende innovative nel proporre soluzioni.

Una grande opportunità per la biodiversità è data dall'utilizzo di tecniche agricole innovative e sostenibili su vasta scala; una seconda «rivoluzione agricola» che aumenti la produttività dei terreni com'è aumentata quella delle celle solari potrebbe alimentarla. In parallelo, però, appaiono necessari un impulso alla riduzione degli sprechi di cibo come di quelli di energia, un'alimentazione *plant-based* e un abbigliamento meno usa e getta che risultino gustosi e attraenti per i consumatori di tutto il mondo come lo sono diventate le auto elettriche. Un altro settore coinvolto su questo tema, e che riguarda particolarmente noi italiani, è proprio quello dell'abbigliamento. La coltivazione del cotone ha un impatto fortemente negativo sull'ecosistema: utilizza solo il 2,4% della terra coltivabile, ma ben il 22,5% degli insetticidi usati in tutto il mondo e il 10% dei pesticidi. La crescita del *fast fashion* che ha fatto il successo di aziende come Zara, che produce collezioni cambiate molto rapidamente per seguire le tendenze della moda, è un'altra grave minaccia.

Anche il mondo online, almeno in Occidente, avrebbe un grande bisogno di qualche innovazione intelligente sul tema dell'economia dell'attenzione, sviluppando modelli di business attraverso i quali le grandi piattaforme possano guadagnare più soldi facendo cambiare idea alle persone piuttosto che rafforzando quelle che già hanno. La possibile introduzione di funzionalità a pagamento da parte di Google (solo ventilata al momento della scrittura di questo saggio) potrebbe essere un passo in questa direzione. C'è bisogno di una «Tesla del pluralismo», che renda attraente per le persone ascoltare le opinioni di chi la pensa diversamente da loro. Se vogliono essere competitivi con chi offre gratis contenuti che puntano non a informarci ma a tenerci incollati agli schermi, i modelli di informazione *subscription-based*, cioè a pagamento, che puntano all'autorevolezza e alla credibilità, devono fare una rivoluzione di efficienza e di *value for money*, proprio come hanno fatto le rinnovabili.

Soprattutto c'è bisogno di una società civile che individui con chiarezza il problema e si attrezzi per combatterlo, come hanno fatto gli ambientalisti e i climatologi davanti alla minaccia del riscaldamento globale.

Il settore della sanità è quello in cui appare più evidente il ruolo che può giocare l'innovazione delle imprese. Già oggi alcune di esse, contrariamente a quanto fa la maggioranza degli operatori del settore che punta a massimizzare i profitti ricercando cure sempre più costose, mirano a differenziarsi e ad avere successo con modelli di sanità low cost. Le prime ad aver puntato su questa strategia sono state le aziende produttrici di farmaci generici, che hanno sviluppato tecniche sempre più sofisticate per «copiare» e mettere in produzione farmaci con il principio attivo di cui scade il brevetto, appena è legalmente possibile farlo. Ma all'orizzonte vediamo una nuova rivoluzione nel settore della sanità sostenibile, basata sulla tecnologia e in particolare sull'IA, che può innovare non solo nei farmaci e negli strumenti diagnostici ma anche nei protocolli di cura, creando enorme valore per gli azionisti e per i sistemi sanitari. La Startup Nation israeliana non ha solamente prodotto leader nel settore dei generici; oggi ci prova con l'IA applicata a chi opera nel mondo dei servizi (ospedali, assicurazioni, medici). K Health, per esempio, è un'altra startup israeliana diventata «unicorno» che ha ricevuto centinaia di milioni di dollari di finanziamenti, tutti da fondi *venture capital* americani. Il suo team di innovatori si è trasferito negli Stati Uniti e da lì sta pilotando lo sviluppo nel mercato più grande e ai costi più alti del mondo. K Health applica l'IA ai dati clinici di due milioni di pazienti israeliani (ovviamente anonimi) raccolti nell'arco di vent'anni (ottenuti grazie a un accordo di licenza con Maccabi, una delle quattro assicurazioni sanitarie pubbliche israeliane) e in questo modo accelera drasticamente i tempi di raccolta dati, anamnesi e diagnosi da parte dei medici. Il vantaggio rispetto a una visita medica tradizionale in ospedale? L'assistenza è h24 e, soprattutto, costa molto meno: una chat con un medico della Mayo Clinic, una delle migliori al mondo, costa solo 20 dollari. Già tre milioni di americani hanno utilizzato il servizio per medicina «primaria» – quella eseguita dai medici di famiglia o dagli ambulatori ospedalieri (ipertensione, aritmie, influenze, infezioni all'orecchio, artrite, depressione o ansia, obesità) – e i risultati sono impressionanti. Inoltre, si riducono i costi delle assicurazioni perché molti ricoveri in pronto soccorso, esami diagnostici e prescrizioni mediche si rivelano non più necessari.

L'adozione di massa di queste innovazioni avrà bisogno di progressi anche nella società civile che si interessa alla sanità, che deve fare molti passi avanti per spingere la regolamentazione nella direzione giusta. Le professioni mediche sono spesso restie a delegare una serie di funzioni alle macchine o a personale meno qualificato assistito dalla tecnologia. Le proteste delle associazioni di consumatori e di pazienti sono quasi sempre dirette a ottenere cure migliori, quasi mai a criticare la crescita dei costi. La crescita dei risarcimenti dei danni sanitari è di fatto una tassa sulle cure, ma i consumatori la vedono come una difesa dei loro diritti.

La triangolazione nella sanità può veramente esistere e risolvere la crisi in arrivo di insostenibilità del suo costo. Ci vogliono startup che puntino a diventare grandi imprese e dimostrino che si possono ridurre i costi senza peggiorare la qualità del servizio offerto, regolatori che diventino partner del processo e una società civile che sponsorizzi il cambiamento. La sanità è da sempre terreno di sviluppo per imprese che creano benessere sociale e ricchezza per gli azionisti sfruttando la tecnologia.

Ma per avviare con forza un vero triangolo della sostenibilità che affronti queste crisi, l'innovazione delle imprese rischia di non essere sufficiente. Abbiamo visto che il dibattito sulla biodiversità, sui rischi per la società legati all'intelligenza artificiale e sull'insostenibilità della sanità è tutt'altro che focalizzato sui reali problemi di insostenibilità. Un salto di qualità in questo dibattito, come avvenuto per la crisi del clima, può avvenire solo con l'aiuto di uno sforzo di ricerca multidisciplinare. Chi ha davvero mostrato la strada a governi e attivisti di tutto il mondo su come affrontare la crisi climatica è stato l'IPCC, che ha via via reso inoppugnabile la scienza che provava la gravità della crisi e indicato nella riduzione delle emissioni di anidride carbonica la soluzione. Lo ha fatto combinando la scienza della climatologia con l'analisi economica di quali Paesi e quali attività economiche emettevano quanta CO_2. Oggi manchiamo di una comprensione di come misurare il peso relativo dei molteplici rischi della biodiversità che ci aiuti a definire delle priorità, parliamo delle *echo chambers* solo in forum ristretti per addetti ai lavori sui fenomeni di comunicazione senza valutarne appieno i rischi sociali, e affrontiamo il problema della spesa sanitaria senza una vera comprensione di quanto potremmo risparmiare se riuscissimo a superare la logica perversa per cui le aziende sanitarie puntano a massimizzare il fatturato, le assicurazioni pubbliche e private possono solo pagare o tagliare i servizi e nessuno riesce davvero a gestire la spesa complessiva nell'interesse della popolazione. Uno sforzo di ricerca multidisciplinare, scientifica, sociale ed economica in questi tre settori dovrebbe indicare agli Stati degli obiettivi da raggiungere, come si è fatto per il protocollo di Kyoto, e alle imprese innovative i problemi tecnologici e di modello di business da risolvere con priorità. Ma accanto a queste bombe sociali pronte a esplodere, e spesso molto poco comprese da chi si occupa di sostenibilità, vi sono mille altri temi sui quali chi si impegna nella sostenibilità impiega i propri sforzi e le proprie risorse e, soprattutto, cerca di catturare l'attenzione degli *stakeholder*. La maggioranza di questi temi rientra nell'area sociale, la S dell'ESG, che più che una fonte di opportunità si rivela spesso un miscuglio ingovernabile di buone intenzioni, ipocrisie e sforzi sprecati.

11
Il sociale che non salva il mondo, ma le aziende

La sostenibilità si occupa a volte di problemi che non sono vere crisi, specie nel sociale. La soluzione allora non è il triangolo, ma la politica, e le aziende devono gestire questi temi per proteggersi, non per cambiare il mondo

Se le aziende dei media digitali devono preoccuparsi dei rischi di insostenibilità del loro modello di business e quelle farmaceutiche della crescita insostenibile della spesa sanitaria, cosa devono fare le altre di fronte a problemi sociali non potenziali, ma concreti e reali, che affliggono milioni di persone, come povertà, diseguaglianze e discriminazioni? Contrariamente agli impegni e ai piani di migliaia di aziende che hanno messo questi temi al centro dei loro programmi di sostenibilità, pensiamo che cercare di risolvere questi mali del mondo non sia una priorità delle aziende, perché, a ben vedere, non sono insostenibili.

Sono problemi gravissimi, ma non vanno peggiorando e, continuando sul cammino di oggi, non andiamo incontro a un disastro. Anzi, per molti versi le cose stanno migliorando.

Questa distinzione è molto importante per ciò che devono fare le aziende. Nel caso delle crisi di cui abbiamo parlato finora, conclamate come quelle del clima o potenziali come quelle descritte nel capitolo precedente, non possiamo aspettare che la politica e la società si mettano d'accordo e trovino le regole giuste per affrontarle. Abbiamo un enorme bisogno del contributo di innovazione delle aziende, e le aziende hanno tutto l'interesse a cercare subito delle soluzioni a queste crisi, perché, se anche non se ne vede chiara la necessità oggi, domani il bisogno sarà ineludibile.

Per gli altri problemi sociali, invece, la soluzione deve essere politica. Perché persone diverse hanno diverse opinioni in merito; per esempio, nel caso delle diseguaglianze, la destra e la sinistra hanno sempre avuto posizioni molto differenti relativamente a quanto siano tollerabili e quanto si debba ridistribuire la ricchezza per ridurle. Per questo motivo quello che un'azienda può considerare giusto e necessario oggi, la può esporre a rischi politici domani. Nella maggioranza dei problemi sociali, il triangolo della sostenibilità ha solo un lato, quello del dialogo tra il potere politico e la società civile.

Ciò non vuol dire che le aziende debbano dimenticarsi di questi temi, depennandoli come irrilevanti, come suggerisce l'«Economist», ma semplicemente devono trattarli come tutti i cambiamenti sociali che hanno fronteggiato in passato. Cercando di cogliere le opportunità che offrono loro e soprattutto evitandone i rischi. Non puntando a migliorare il mondo, ma a rendere il loro business più forte.

Purtroppo, non è ciò che avviene nella maggioranza dei processi ESG, che partoriscono spesso una miriade di iniziative senza un vero legame con le priorità aziendali.

Quando l'insostenibilità non è veramente insostenibile: povertà, disuguaglianze e inclusione

La maggior parte delle iniziative di sostenibilità nella componente sociale è rivolta a uno o più obiettivi che rientrano in tre grandi categorie: combattere la povertà, ridurre le disuguaglianze di reddito e favorire l'inclusione di persone appartenenti a gruppi storicamente o potenzialmente discriminati (perché diversi dallo stereotipo del successo: maschio, bianco, eterosessuale). La povertà è, da sempre, uno dei grandi mali dell'umanità. Forse il più grande, perché da essa ne discendono altri come la fame, le malattie, l'ignoranza e in tanti casi anche le guerre e la violenza. Nel mondo vivono (dati aggiornati a fine 2022) 680 milioni di persone in una condizione definita di povertà estrema, ovvero con a disposizione un reddito di 2,15 dollari al giorno o meno (al netto dell'inflazione e delle differenze di costo della vita tra Paesi). Sono quindi persone che non arrivano a guadagnare 65 dollari al mese. Per i nostri standard, nulla.

Tra i 17 SDGs delle Nazioni Unite, l'eliminazione della povertà è al primo posto. E anche al secondo, ovvero la lotta alla fame. Con questi dati, dire che la povertà non è insostenibile sembra un'eresia. Eppure, non ha in sé un elemento essenziale della definizione di insostenibilità che abbiamo adottato per il clima e per le altre crisi del ventunesimo secolo: essere, cioè, un problema in crescita, che diventa sempre peggiore. Il Covid e le sue conseguenze (inflazione, rialzo dei tassi, crisi di diverse economie emergenti) hanno bloccato il calo progressivo dei numeri di poveri nel mondo che era in atto da tempo, ma oggi quella tendenza è ripresa e i valori 2022 sono tornati ai livelli pre-Covid del 2019. Tuttavia, solo una prospettiva ultradecennale ci consente di apprezzare realmente quanto fatto finora. Nel 1970 le persone che vivevano in uno stato di povertà estrema erano circa due miliardi, più di metà della popolazione mondiale. In cinquant'anni si sono ridotte del 65% in valore assoluto e di oltre l'80% in proporzione alla popolazione. Oggi sono l'8,5%.

Lo statistico svedese Hans Rosling, scomparso nel 2017 e autore del best seller *Factfulness. Dieci ragioni per cui non capiamo il mondo*, nel corso della sua attività professionale ha prodotto un'infinità di dati, statistiche, immagini che dimostrano come le condizioni di vita dei poveri nel mondo siano migliorate in un modo che noi occidentali, che le guardiamo dall'alto del nostro benessere, non riusciamo neanche a comprendere. Ma la differenza di tenore di vita tra una casa con una cucina a gas (o a gasolio) e una con un buco per terra che fa da focolare e funziona raccogliendo la legna è gigantesca. Ed è ciò che è avvenuto nella vita di miliardi di persone.

Eliminare la povertà entro il 2030 è un obiettivo che le Nazioni Unite hanno dichiarato irraggiungibile, anche per la battuta d'arresto dovuta alla pandemia. Ma, seppur lentamente, ci avviciniamo. Lo stiamo facendo da molti decenni, grazie al contributo di due fattori, uno indiscusso e l'altro molto dibattuto. Il primo è lo sviluppo economico del mercato che ha permesso a molti Paesi, soprattutto asiatici, di combattere e vincere la povertà. Il secondo è rappresentato dagli aiuti che i Paesi ricchi dedicano a quelli più poveri, o che gli stessi Paesi poveri, come l'India, dedicano allo sviluppo delle proprie comunità gravate da una povertà più estrema. L'efficacia di questi ultimi aiuti è oggetto di perenni discussioni, illustrate con grande efficacia dai premi Nobel per l'Economia Esther Duflo e Abhijit Banerjee, che hanno evidenziato come conti molto più il modo in cui gli aiuti vengono usati che la quantità di denaro impegnata, e che alcuni programmi sono estremamente efficaci con poche risorse, mentre altri sono addirittura controproducenti.

Tuttavia, per portare avanti la lotta alla povertà in nessun caso si è reso necessario in modo significativo il triangolo della sostenibilità, che invece può salvare il pianeta dall'emergenza climatica. Le imprese che hanno innovato riducendola lo hanno fatto per vendere prodotti ai poveri e guadagnarci, esattamente come fanno quelle che guadagnano con i ricchi, non perché hanno inquadrato l'eliminazione della povertà come loro obiettivo strategico (cosa che invece fanno le imprese innovative, che vedono nel clima un cliente che può permettere loro di creare valore per i loro azionisti). E la regolamentazione e gli aiuti internazionali non sono stati affatto guidati dall'innovazione di queste imprese, come avviene per il clima. Definire la povertà un problema in cui le aziende devono investire oggi perché domani sarà peggio, esplodendo con gravi ripercussioni per tutta l'umanità, è quindi sbagliato e contribuisce ad aumentare la confusione sul significato del termine «sostenibilità».

Un altro caso di «falsa insostenibilità» riguarda la più gettonata (dai media occidentali) delle sfide sociali di questo secolo, che riempie le agende delle COP e del WEF, dove spesso viene definita il «male del secolo»: la lotta alle disuguaglianze di reddito tra ricchi e poveri. La disuguaglianza è un concetto più sfuggente e meno universale della povertà, perché si può misurare tra le diverse persone di tutto il mondo (disuguaglianze globali) o all'interno di un singolo Stato o di una singola economia. Ed è anche meno evidente che sia un male assoluto, come a volte viene dipinta. Se oggi il signor Rossi e il signor Bianchi guadagnano rispettivamente 50.000 e 40.000 euro all'anno, e domani passano a guadagnare 60.000 euro il primo e 45.000 euro il secondo, la loro disuguaglianza è aumentata, ma sono entrambi più ricchi. Chi critica le disuguaglianze lo fa generalmente nell'ipotesi che possano essere ridotte a parità di reddito complessivo, mentre altri ritengono che le politiche cosiddette «redistributive» (come quelle di tassare i più ricchi per fornire servizi gratuiti ai più poveri) possano avere effetti negativi sulla crescita economica. Dall'altra parte, i nemici delle disuguaglianze notano che il loro aumento concentra le ricchezze nelle mani di pochi super-ricchi che, per quanto possano avere un tenore di vita elevato, finiscono per consumare solo una piccola parte dei loro redditi. Mentre le classi medie e basse spendono quote maggiori dei loro guadagni, e così contribuiscono di più allo sviluppo complessivo dell'economia. Insomma, un tema complesso e con un numero davvero ridotto di certezze.

Ma una certezza c'è: «l'esplosione globale delle disuguaglianze», di cui si sente tanto parlare, è tutt'altro che una verità assoluta, anzi, sotto molti aspetti è una bufala. Dibattiti e studi accademici di rilievo non riescono a dimostrare che le disuguaglianze globali siano in crescita. Le disuguaglianze economiche tra Paesi sono mediamente in diminuzione grazie alla vituperata globalizzazione, che in particolare ha tolto 750 milioni di cinesi dalla povertà. E non è affatto certo che aumentino anche quelle all'interno dei Paesi (ricchi). Gli Stati Uniti sono stati a lungo l'esempio preferito di chi ha evidenziato il problema delle disuguaglianze apparentemente in crescita. All'interno di alcune categorie, per esempio tra i vertici delle aziende e il resto dei loro dipendenti, le disuguaglianze in America e, seppur in misura minore, in tutti i Paesi sono effettivamente in crescita galoppante. L'ultimo «pacchetto retributivo» di 56 miliardi di dollari assegnato a Elon Musk come amministratore delegato di Tesla è solo il caso più evidente. La crescita sproporzionata dei redditi di top manager e finanzieri rafforza l'opinione dell'economista francese Thomas Piketty, che ritiene che le disuguaglianze in una società capitalista sono *destinate* a crescere, se non si mettono in atto politiche attive di redistribuzione con una tassazione progressiva dei redditi da capitale. Diversi economisti hanno trovato discutibile l'inevitabilità della crescita, ma che negli ultimi decenni le disuguaglianze fossero aumentate sembrava incontestabile.

Poi due studiosi presi non dall'accademia ma dall'amministrazione statunitense, Gerald Auten del dipartimento del Tesoro e David Splinter del comitato congiunto per le politiche fiscali del Congresso, hanno pubblicato una serie di articoli con una conclusione diametralmente opposta: negli Stati Uniti, la disuguaglianza effettiva nel reddito, tenuto conto delle tasse, è rimasta sostanzialmente la stessa dagli anni Sessanta.

Secondo i due autori l'aumento delle disuguaglianze di reddito negli Stati Uniti negli ultimi decenni sarebbe un'illusione statistica causata dalle riforme fiscali alla fine degli anni Ottanta e dall'emersione di una quota crescente dei redditi sommersi. Una volta opportunamente inclusi questi fenomeni nel calcolo, le disuguaglianze di oggi tornerebbero allo stesso livello degli anni Sessanta, l'età del boom della classe media. La polemica tra studiosi è ancora accesa, ma il fatto stesso che se ne discuta rende l'ipotesi della crescita delle disuguaglianze all'interno delle società occidentali tutt'altro che acclarata.

In sintesi, le disuguaglianze di reddito tra Paesi non crescono, anzi, molti Paesi un tempo poveri le hanno drasticamente abbattute; quelle all'interno dei Paesi ricchi per alcuni gruppi di persone crescono, per altre meno, ma in qualsiasi caso la loro dinamica è pienamente nel campo delle scelte di politica economica dei governi. Tocca quindi a loro occuparsene, non al triangolo della sostenibilità. Non tutte le ingiustizie sociali sono perciò insostenibili, ovvero irreversibilmente in crescita. E non tutte richiedono l'applicazione del paradigma che abbiamo descritto in questo saggio. E non ci sono solo la povertà e solo la disuguaglianza.

Il tema dell'«inclusione», che da noi riguarda in gran parte l'universo femminile (mentre negli Usa anche quello degli afroamericani e dei *latinos*), è diventato l'argomento principe dei programmi di rafforzamento dell'impatto sociale delle aziende, ma la direzione in cui va la maggior parte del mondo non sembra affatto quella di trasformarla in una crisi di insostenibilità. Dal punto di vista della crescita, infatti, la penalizzazione delle donne e di diverse altre minoranze più o meno discriminate non mostra affatto una dinamica esplosiva come la crescita delle temperature o dei costi della sanità. Perché la condizione della donna, anche se ancora penalizzata da società, tutte più o meno esplicitamente patriarcali, è in netto miglioramento in molte regioni del mondo. Per fare un esempio, la percentuale di ragazze che si iscrivono all'università nel mondo è aumentata negli ultimi venticinque anni del 200%, il numero di donne presenti nei consigli di amministrazione dei Paesi sviluppati è passato da una percentuale pressoché nulla a mediamente il 30% (in Italia il 40%). La condizione femminile nelle società è spesso in significativo miglioramento. Resta il problema che i ruoli di vero potere delle aziende occidentali, e in Paesi come l'Italia questo riguarda anche gli alti ranghi delle burocrazie pubbliche, rimangono concentrati in maggioranza in mani maschili, nonostante i numerosi programmi di inclusione di queste organizzazioni. La discriminazione femminile quindi c'è, ma, almeno, non cresce.

Se la condizione femminile migliora soprattutto nei Paesi più poveri e arretrati, e in quelli ricchi si limita forse a non peggiorare, quella di altre minoranze ha subito una vera rivoluzione. L'omosessualità, che in alcuni Paesi occidentali era addirittura un crimine fino a pochi decenni fa (lo è ancora in Russia), ha migliorato il suo grado di accettazione in modo stupefacente: quasi tutti i Paesi occidentali legalizzano le unioni tra omosessuali, e le figure pubbliche dichiaratamente gay sono in netto aumento.

Se le discriminazioni sono in ritirata, in crescita è forse l'insofferenza per esse delle nostre società, che fa dire a tante persone che sia arrivato il momento di combatterle. Ed è questo il motivo per cui le scelte che su questo fronte fanno le aziende devono essere guidate non dall'adesione a principi astratti definiti da un guru dell'ESG, ma dall'attenzione ai loro *stakeholder* più importanti: i clienti per quelle che offrono beni di consumo, i talenti per quelle che operano nella *knowledge economy*, l'opinione pubblica per quelle che vivono di commesse o concessioni statali.

Con questi problemi che sfuggono alle logiche e alle metriche ESG, disegnate in gran parte avendo in mente una crisi galoppante come quella del clima, e il triangolo della sostenibilità, che per loro non funziona, l'approccio delle imprese dev'essere radicalmente rivisto. Perché anche se non insostenibili in senso stretto, questi problemi possono offrire grandi opportunità e altrettanto grandi rischi.

Uno dei più evidenti tra questi deriva proprio dalle iniziative di sostenibilità di alcune aziende, che le espongono al rischio di essere prese di mira dalla politica o di trascurare i loro interessi di business per intraprendere delle vere e proprie crociate di dubbio interesse, per i loro azionisti, i loro dipendenti e i loro stessi *stakeholder*.

La politica della S

La maggioranza degli obiettivi sociali dei programmi di sostenibilità, in particolare nella categoria «diversità e inclusione», è molto più vicina a un programma politico che a un piano per raggiungere degli obiettivi di business o garantire il rispetto di leggi e regolamenti.

Per esempio, l'opportunità di fissare un obiettivo (ovviamente in aumento) per la proporzione di donne e minoranze etniche nei board e tra gli alti dirigenti è oggetto di accanite discussioni. Alcuni sostengono che il fatto che questi gruppi sono meno rappresentati nelle posizioni di potere sia il retaggio di una società che ancora li penalizza ingiustamente, e che solo dandosi degli obiettivi di aumento delle loro quote si possano superare pratiche discriminatorie, anche inconsce. Altri pensano che questi obiettivi, imposti dagli standard ESG e che non tengono conto della situazione specifica in cui si trova l'azienda, siano di fatto una forzatura e che finiscano col mortificare la meritocrazia. I primi ribattono che, senza forzature, non si realizzerà mai una vera parità di diritti, mentre i secondi lamentano l'assenza di evidenze sul fatto che le aziende con quote femminili più alte realizzino risultati migliori, come a volte si è sostenuto.

Quello dell'affermazione concreta delle pari opportunità e delle azioni che devono essere realizzate e, se necessario, imposte per ottenerla è indubitabilmente un argomento politico.

Quando il tema si sposta da quello della rappresentanza femminile a quello del sostegno delle aziende alla piena libertà dei dipendenti di affermare la propria identità sessuale e di genere, il terreno politico si fa ancora più scottante. La partecipazione ufficiale di aziende alle manifestazioni del *gay pride*, molto diffusa nel mondo anglosassone, lascia ovviamente perplessi i tradizionalisti e gli osservanti di numerose fedi religiose. L'autodeterminazione del genere, che alcuni vedono come un elemento essenziale dei diritti civili, è contestata sia dai tradizionalisti sia da numerosi gruppi femministi. La separazione dei bagni tra uomini e donne è diventata, inopinatamente, un problema politico.

Il problema per le aziende diventa sempre più spinoso man mano che il dibattito politico su questi temi si polarizza e le posizioni politiche della «destra» e della «sinistra», un tempo divise principalmente sulle dottrine economiche e sul ruolo dello Stato nell'economia, divengono via via caratterizzate proprio da questi temi. Le aziende che anche si rifanno alle posizioni degli organismi internazionali (l'ONU, l'Unione Europea) nel definire le proprie norme di comportamento vengono accusate di fare politica a favore di idee propagandate da élite globali contrarie alle tradizioni e alla libertà di scelta delle popolazioni.

Specialmente nei Paesi anglosassoni l'agenda sociale si sta spostando su temi ideologici e identitari sempre più divisivi. Tutti vogliono combattere la fame nel mondo, mentre sull'identità di genere ognuno ha la propria opinione, e sono sempre di più quelli che inondano i social di accuse, insulti e anatemi per difenderla o attaccarla. La lotta al «privilegio dei bianchi», che vuole cancellare i simboli del colonialismo e dello schiavismo, viene spesso vista dai conservatori come un'offesa alla storia del loro Paese.

Avviene così che sugli obiettivi della S di ESG si avventano con fervore coloro che accusano la sostenibilità di essere un'iniziativa di carattere politico, una forma di capitalismo *woke* più interessato a ottenere il perdono dei propri peccati con il *socialwashing* che a creare valore per i propri azionisti, se non addirittura a imporre la propria agenda politica con la forza del capitale. Come il già citato Vivek Ramaswamy, che ricorda il programma di formazione lanciato da Coca-Cola per insegnare al proprio personale a essere «meno bianco», ovvero «meno oppressivo», facendo però come gli struzzi in merito al suo ruolo negativo sulla società e in particolare nei confronti delle minoranze, favorendo l'obesità.

Il *socialwashing* crea così un pretesto per criticare tutta l'ideologia della sostenibilità e negare anche la crisi dell'emergenza climatica.

Il rischio per le aziende è quello di essere trascinate in pericolose polemiche politiche. Disney è stata sempre molto chiara e coerente sulle sue policy iper-liberali riguardo al suo personale LBGT e perfino ai suoi prodotti. Ha già inserito personaggi gay in alcuni suoi cartoni animati, come *Zootropolis*. Il problema è sorto quando i vertici della Disney si sono sentiti in dovere, pressati dalla maggioranza liberal dei propri dipendenti, di attaccare il governatore repubblicano Ron DeSantis, che aveva preso posizione contro qualunque forma di istruzione sull'orientamento sessuale o sull'identità di genere nei primi dieci anni di vita dei bambini. Nel marzo 2022, l'amministratore delegato di Disney Bob Chapek (poi sostituito da Bob Iger) ha accusato le politiche di DeSantis di oscurantismo e il governatore si è vendicato togliendo le agevolazioni offerte alla Disney dal Reedy Creek Improvement District (oggi Central Florida Tourism Oversight District). A sua volta l'azienda ha reagito minacciando di cancellare il progetto di spostare in Florida il suo quartier generale, attualmente in California.

Esempi di S di ESG trascinata in polemiche politiche li abbiamo anche in Europa. Nel Regno Unito è infuriata una polemica tra Nigel Farage (il politico padrino di Brexit) e la sua (ex) banca Coutts, un gestore di patrimoni del gruppo Lloyds che avrebbe rifiutato di offrirgli i suoi servizi, secondo Farage, per motivi politici. Aveva ragione e lo confermano i verbali del comitato rischi di Coutts, che riteneva impossibile avere Farage come cliente viste le sue idee in aperto contrasto con la politica di inclusione sociale della banca. La polemica è andata avanti con il licenziamento di Peter Flavel, CEO di Coutts, e, successivamente, con le dimissioni di Alison Rose, presidente di NatWest, la casa madre di Coutts. Pare che il sostituto di Flavel abbia subito chiamato Farage per riaprirgli il conto in banca.

D'altra parte, le imprese oggi non riescono a chiamarsi completamente fuori da questi temi. Glielo chiedono i giovani talenti da cui sempre più dipendono per affrontare le sfide della tecnologia e dell'economia della conoscenza. Lo chiedono segmenti del mercato forse minoritari ma in grado di influenzarne altri ben più ampi attraverso i social media. Ma affrontare queste problematiche con spirito ideologico e la ricerca del miglior punteggio ESG può essere un campo minato. Quando, invece, si affrontano i problemi sociali con spirito innovativo e tenendo ben presente l'interesse dei propri azionisti, le aziende possono cogliere delle vere opportunità.

L'impatto sociale, oltre le ideologie

Esistono aziende guidate da imprenditori impegnati nel sociale che, nella maggioranza dei casi, perseguono l'obiettivo di avere un impatto positivo sulla società, e la loro efficienza sta, oltre che nell'innovazione che mettono nel creare nuovi modelli di business, anche nel rivolgersi agli azionisti giusti, ovvero ad azionisti che preferiscono investire in aziende innovative che fanno qualcosa per i problemi sociali e non puntano solo a massimizzare i ritorni.

La proposta che questi imprenditori fanno agli azionisti che li finanziano non è «investi nella mia azienda, ti darò il massimo del ritorno possibile», ma «investi nella mia azienda, così avrai il massimo dell'impatto sociale e ti farò guadagnare più o meno come gli altri investimenti nel *venture capital* che farai».

Questi imprenditori sociali, che spesso sfruttano innovazioni high tech, negli ultimi anni stanno intercettando una nuova fonte di risorse e di capitali nei cosiddetti *impact funds*. Il già citato Sir Ronald Cohen nel suo *Impact* racconta molte storie interessanti di imprenditori sociali high tech. Come quel giovane esperto di robotica che si è messo in testa di risolvere il problema della logistica di consegna di prodotti medicali in località difficili come il Ruanda, e ha così creato la startup Zipline, che con una flotta di droni nel 2018 ha consegnato 18.000 unità di plasma sanguigno in posti impossibili. L'anno successivo Zipline ha raccolto 190 milioni di dollari dagli *impact funds* a una valutazione di 1,2 miliardi di dollari.

Molti *impact funds* nascono come costole di grandi fondi *private equity* con storie simili a quelle di Ron Cohen. Il più grande del mondo, The Rise Fund, è stato creato dal fondo TPG (altro grande fondo di *private equity* come Apax) in collaborazione col cantante Bono degli U2 per aiutare business orientati agli SDGs dall'ONU. Dispone di 17 miliardi di dollari e ha fatto decine di investimenti in startup nella transizione energetica, ma anche in opportunità di business legate alla lotta alla povertà come sanità, microcredito e istruzione. In Italia abbiamo un antesignano dell'*impact in-*

vesting, Luciano Balbo, anche lui con una storia di successo nel *private equity*, che nel 2006 ha creato la fondazione Oltre e da allora ha realizzato una ventina di investimenti in gran parte nell'imprenditoria sociale, tra cui il Centro Medico Santagostino, una straordinaria innovazione nel settore della sostenibilità sanitaria, di cui parleremo più avanti.

Un altro gruppo di *stakeholder* verso cui le aziende si indirizzano abbastanza silenziosamente, ma a volte con grande efficacia, sono i loro dipendenti desiderosi di avere un impatto personale positivo sulla società. A costoro le aziende possono offrire l'opportunità di avere un impatto davvero profondo sulla vita di altre persone, combinando la propria buona volontà e le proprie competenze lavorative con l'organizzazione e gli asset dell'azienda. Il ritorno per quest'ultima è il rafforzamento del legame dei dipendenti con la missione aziendale, il loro coinvolgimento, allargato anche a coloro che non partecipano direttamente all'iniziativa, in una comunità che ha uno scopo sociale. Come nel già citato caso del programma One Sight di Luxottica.

Nel 1995, Luxottica acquistò negli Stati Uniti la catena di negozi di occhiali LensCrafters. Col tempo il management si rese conto di avere acquistato non solo un'azienda chiave per la crescita sul mercato americano e globale, ma anche un piccolo gioiello di innovazione sociale: il programma Give the Gift of Sight (restituisci il dono della vista), che organizzava una gigantesca operazione di donazione di occhiali da vista a livello globale, raccogliendo modelli usati nei suoi negozi e utilizzando i suoi dipendenti per gestire la catena logistica di distribuzione nei Paesi poveri. L'allora amministratore delegato di Luxottica, Andrea Guerra, decise di estendere l'iniziativa dagli Stati Uniti a tutto il mondo grazie al network globale dell'azienda veneta, e nel 2004 furono donati 500.000 occhiali da vista, di cui 200.000 riciclati. Le persone potevano consegnare in qualunque negozio il loro paio di occhiali usati, che venivano riparati ad Agordo e nelle altre fabbriche del gruppo e poi trasportati nei magazzini centrali. A questi si aggiungevano 200.000 occhiali da vista invenduti di vecchie collezioni e 100.000 occhiali per bambini. Nei magazzini centrali gli optometristi classificavano ogni paio di occhiali da vista, preparavano gli scatoloni composti con un mix equilibrato di vari modelli e alla fine allestivano delle vere e proprie «missioni di donazione» verso i Paesi poveri, composte da personale dei negozi e amministrativo. I destinatari della donazione venivano visitati e ognuno riceveva il paio di occhiali adatto alle sue esigenze.

Due cose colpirono uno dei due autori quindici anni fa, quando visitò Cincinnati, la sede di LensCrafters: la prima era lo straordinario ritorno sociale dell'iniziativa, che con un modestissimo investimento economico di pochi milioni di euro all'anno restituiva la vista a milioni di persone, tra cui i bimbi di un Paese africano che potevano finalmente imparare a leggere; la seconda era il «valore di mercato» di questa iniziativa per l'azienda, che la usava non tanto come pubblicità verso i suoi clienti o nei confronti dei suoi investitori, ma come storia da raccontare nei campus durante il *recruiting* dei migliori laureati e come motivazione del personale, sempre più desideroso di impegnarsi personalmente in iniziative ad alto impatto sociale. E infatti fino al 2016 il chairman della fondazione One Sight è stato Nicola Pelà, responsabile delle risorse umane di Luxottica.

In tutte queste opportunità si possono vedere degli elementi comuni, che vengono spesso evidenziati dai fautori dell'*impact investing*: azionisti interessati all'impatto e una forte dose di innovazione, tecnologica per Zipline o nel modello di business per Santagostino e One Sight. Ce n'è però un altro, forse meno pubblicizzato, ed è quello che gli economisti chiamano un «fallimento di mercato». Un fenomeno che si realizza nel momento in cui esiste la domanda di un prodotto o di un servizio, che è anche disposta a pagare un prezzo che in teoria ripaga i costi per produrlo, ma quel prodotto sul mercato non arriva o non arriva in quantità sufficiente, per le ragioni più disparate.

Questo è il caso di Zipline e One Sight, che operano, a ben vedere, nel mercato degli aiuti ai Paesi poveri. Infatti gli abitanti dei Paesi interessati da queste due iniziative, e i loro governi, non hanno denaro a sufficienza per pagare ospedali, cure mediche e occhiali, ma i Paesi ricchi che offrono fondi per la cooperazione e la filantropia privata sì. Quello che manca a chi vuole offrire aiuti, in molti casi, sono meccanismi efficienti di distribuzione dell'assistenza nelle aree più derelitte. Il sangue va refrigerato, tracciato e distribuito, gli occhiali vanno provati e verificati dagli optometristi. Mancano infrastrutture di trasporto e competenze locali e iniziative come Zipline e One Sight vanno a riempire questo vuoto.

Anche Santagostino, quando è nata, si andava a inserire in un mercato, quello della sanità italiana pagata direttamente dai pazienti, ancora poco sviluppato nella fascia di servizi a prezzi ridotti, perché la maggior parte degli operatori praticava prezzi alti e si rivolgeva a una clientela abbiente o assicurata. Poi, come purtroppo sappiamo, le liste d'attesa nel sistema sanitario pubblico si sono allungate, la spesa sostenuta direttamente dai pazienti è cresciuta molto e nel segmento delle cure a prezzi contenuti occupato da Santagostino sono entrati altri operatori. Il mercato è partito e anche Santagostino ha perso i suoi azionisti centrati sull'impatto in favore di quelli centrati sul business quando è stato acquisito da UnipolSai, una grande assicurazione.

I fallimenti di mercato, contrariamente a quello che pensano i fanatici dell'economia di mercato (oggi una specie in via d'estinzione, a dire il vero), esistono, ma sono molto meno diffusi di quanto affermato dai paladini dell'intervento pubblico a ogni costo, che ne vedono uno ogni volta che il mercato fornisce risposte che loro non apprezzano, per esempio quando un prodotto costa troppo. Nella maggior parte dei casi, e contrariamente a quello che pensano molti paladini dell'ESG, le maggiori opportunità, e anche i maggiori risultati nel ridurre i problemi di povertà e disuguaglianze, le hanno colte alcune aziende che il mercato lo hanno sfruttato. Alcune di queste hanno fondato il loro modello di business sullo sfruttamento delle disuguaglianze di reddito, venendo così criticate come approfittatrici di deboli e svantaggiati, ma hanno ottenuto in realtà il risultato opposto, ovvero quello di aumentare i redditi dei più poveri.

I «cavalieri della mano invisibile» dei mercati contro le disuguaglianze

Il modo più efficace ed economicamente sostenibile di combattere le disuguaglianze di reddito è di offrire a quelli che guadagnano poco (o non guadagnano affatto) un lavoro con uno stipendio migliore o, a volte, semplicemente uno stipendio. Nei Paesi poveri, dove il welfare state e gli assegni di disoccupazione sono un'utopia e anche i livelli di tassazione sono più bassi e a stento sufficienti per pagare qualche strada e i servizi essenziali dello Stato, è anche l'unico modo.

Da che esiste il capitalismo, le imprese combinano profitti e ruolo sociale. Valgono ancora gli antichi principi del capitalismo di mercato della «mano invisibile» di Adam Smith, secondo il quale «non è per bontà d'animo che il macellaio ci offre la carne». In parallelo, queste imprese svolgono un ruolo sociale altrettanto importante nei confronti dei loro dipendenti. Questi lavorano per l'azienda e, che siano pagati poco o tanto, lo fanno perché trovano quel lavoro migliore delle alternative.

La moltitudine di imprese che pure svolgono un ruolo sociale essenziale nel loro core business viene ampiamente trascurato dai teorici della sostenibilità, molto sensibili all'impatto di aziende che operano in business di nicchia con obiettivi espliciti di impatto sociale ma del tutto insensibili, se non addirittura sprezzanti, verso il contributo di chi, semplicemente, cerca di sviluppare il suo business.

Alcune imprese fondano il proprio modello di business sul cercare di pagare poco il costo del lavoro. Non sono certo tutte a farlo, e certamente non è il caso dei big della tecnologia, delle banche d'affari, dei reparti marketing delle aziende del lusso, o delle aziende regolate che spesso possono scaricare il costo del lavoro sui loro clienti. Ma sono comunque molte e, nel farlo, per la loro ricerca di manodopera si rivolgono spesso a gruppi di lavoratori poco pagati: disoccupati o residenti in Paesi poveri.

In alcuni casi la ricerca di lavoratori a basso costo non è solo un'opportunità per arrotondare il profitto, ma è alla base del modello di business. Ci sono diversi esempi, uno più demonizzato dell'altro: lavoro interinale, contratti «a percentuale» o «un tot a consegna» da parte di piattaforme come Uber o quelle delle consegne a domicilio, outsourcing e offshoring della produzione, dei servizi di call center, dell'informatica. Troppo spesso questa ricerca del risparmio sul costo del lavoro sconfina nell'illecito, con contratti in nero, sprezzo delle norme di sicurezza, caporalato e altre forme di vessazione dei dipendenti. Ma in tanti altri casi non è così, ed è essenziale separare chi rispetta le regole da chi non lo fa.

Una lista di «cattivi» cresciuta prima con la globalizzazione, poi con la tecnologia. Ma sono proprio questi «cattivi» a offrire le migliori opportunità di salire un po' alle persone sui gradini più bassi nella scala dei redditi. Sono il motore, a volte inconsapevole, della grande riduzione delle disuguaglianze globali che abbiamo visto negli ultimi decenni.

Un esempio sono le agenzie interinali come Adecco, GI Group e Manpower, per anni considerate fucine di disoccupazione e precarietà. Svolgono invece un ruolo importante per garantire un servizio a imprese che hanno bisogno di flessibilità nel loro personale e nell'avvicinare al mondo del lavoro giovani sui quali le imprese non investirebbero in un contratto a tempo indeterminato. Tali agenzie in Italia, nel 2021, hanno rappresentato il 12,3% del totale delle assunzioni, con 1,5 milioni di lavoratori. Flessibilità, per i loro clienti, significa non solo poter assumere e licenziare più facilmente, ma anche, per esempio, assistere una multinazionale che deve chiudere uno stabilimento in Italia e si serve del loro aiuto per ricollocare 100 lavoratori. Non solo, dato che l'economia è ormai sempre meno manifatturiera, le agenzie si sono spostate dall'80% di posti di lavoro nelle fabbriche all'80% nei servizi, anche con skill elevate, inclusi i laureati. Spesso identificano le posizioni dove ci sono gli skill gap, selezionano i giovani, li formano e poi li collocano in ruoli che spesso evolvono verso un impiego a tempo indeterminato. Sono una cerniera tra il mondo della scuola e il mondo del lavoro, funzionano da agenzia di selezione, di orientamento e di formazione.

Le agenzie interinali non sono l'unico esempio di valore sociale creato dai «capitalisti senza scrupoli». Nessuno applaude Deliveroo per il suo ruolo nel ridurre le disuguaglianze, anzi, come le altre aziende del suo settore, Deliveroo è oggi demonizzata come una sfruttatrice di rider sottopagati. Non solo, dato che in Inghilterra il regolatore ha iniziato a occuparsi del problema (la mano, da che era solo «invisibile», diventa anche «visibile»), con il *Modern Slavery Act* l'azienda è obbligata a dimostrare pubblicamente il loro livello di sicurezza, come vengono trattati in tutto il mondo (in Qatar hanno avuto problemi), il modo con cui vengono selezionati; in Italia poi, Deliveroo ha firmato un accordo con l'associazione AssoDelivery per combattere il *gangmaster* e il lavoro illegale.

Ma il contributo maggiore della «mano invisibile» alla riduzione delle disuguaglianze è sicuramente nei Paesi in via di sviluppo. Se le imprese occidentali non fanno molto per la povertà più estrema perché i dipendenti delle loro filiali o dei loro fornitori principali, come Foxconn per Apple, raramente provengono dagli strati più poveri delle economie locali, il loro outsourcing è determinante per ridurre le disuguaglianze tra operai e impiegati, prima cinesi e oggi sempre più indonesiani, indiani, vietnamiti, e i cittadini dell'Occidente.

La globalizzazione delle catene di fornitura suscita da tempo preoccupazioni per la sostenibilità presso accademici e attivisti. Sin dagli anni Novanta, questi si sono concentrati sui rischi sociali della *supply chain* del settore abbigliamento, tessile e calzature, dove grandi aziende come Nike e H&M hanno spostato il loro baricentro produttivo in Paesi in via di sviluppo e a basso costo del lavoro, spesso in Asia, continente progressivamente diventato la «fabbrica del mondo». Se la Cina diventava troppo cara, ci si spostava in Vietnam e in Bangladesh, e si cercava a quel punto di penetrare il mercato cinese in cui era cresciuta la classe media.

Gli attivisti critici del lavoro minorile in Vietnam e in Bangladesh hanno trovato nuovi alleati nei consumatori occidentali. Le crisi esplodevano nei mercati di sbocco dove i consumatori scoprivano (spesso grazie a media e attivisti) che le scarpe, le felpe e le T-shirt di marche occidentali famose che compravano venivano prodotte dal lavoro minorile sottopagato e in pessime condizioni.

Rebecca Henderson racconta come emblematico il caso di Nike e della sua conversione a paladina dei diritti dei lavoratori in Asia. Phil Knight, il fondatore dell'azienda, è stato uno degli imprenditori più di successo degli ultimi cinquant'anni, eppure neppure lui si è reso conto dei rischi derivanti dalla strategia di produrre le sue scarpe nei Paesi in via di sviluppo, fino a quando, nel 1992, «Harper Magazine» non pubblicò un rapporto che mostrava la busta paga dei lavoratori. Un paio di scarpe vendute al pubblico per 80 dollari «rendeva» ai lavoratori pagati a cottimo 12 centesimi. In poco tempo, tutte le principali tv e testate americane ripresero la notizia e la approfondirono con ulteriori casi di lavoro minorile in Pakistan e in India, e a quel punto i consumatori si ribellarono, il fatturato ne soffrì e i profitti pure. Knight fece pubblica ammenda e avviò la Sustainable Apparel Coalition, un'alleanza nei settori dell'abbigliamento, delle calzature e del tessile orientata alla produzione sostenibile, trascinando molte imprese a rivedere in tal senso la propria *supply chain*. Mentre, secondo Henderson, Knight ha capito che doveva preoccuparsi non solo dei suoi azionisti ma anche dei lavoratori di cui all'inizio sapeva ben poco, la realtà è stata che probabilmente era preoccupato delle ricadute negative dello scandalo sul brand Nike e, conseguentemente, proprio sulla creazione di valore per i suoi azionisti, e ha perciò avviato un'iniziativa di sostenibilità sociale soprattutto per proteggere il suo brand.

Se in Cina 750 milioni di persone sono uscite dalla povertà in trent'anni è anche grazie alle *supply chain* globali che hanno portato i prodotti made in China in giro per il mondo. Se le multinazionali investono incrementando la produzione in un Paese povero per sfruttare il basso costo della manodopera locale, il Paese povero si arricchisce. Il problema dello sfruttamento della manodopera locale tende a risolversi «da solo» quando le multinazionali investono, che lo facciano con o senza programmi di sostenibilità, a mano a mano che i lavoratori sono meglio pagati e che i loro governi (o i sindacati) a poco a poco impongono standard ambientali e di sicurezza sempre più vicini a quelli dei Paesi ricchi. Quando certi gravi problemi sociali sono indubbiamente migliorati, come nel caso del lavoro minorile in diversi Paesi asiatici, il contributo dei progetti di sostenibilità delle imprese occidentali è risultato marginale, e la grande spinta è venuta dalla crescita economica di quei Paesi.

Per questo gli investimenti delle multinazionali del tessile nei Paesi in via di sviluppo alimentano un modello economico sostenibile, in cui continuando con il *business as usual* i problemi tendono a ridursi. Il contrario di quello che avviene nel cambiamento climatico.

La crescita dei redditi nei Paesi in via di sviluppo non si è limitata al contributo delle industrie a basso valore aggiunto come il tessile. Un grande numero di imprese ha investito su business innovativi che hanno portato enormi trasformazioni sociali, favorendo lo sviluppo di grandi regioni del pianeta. Infosys e Tata sono state alcune delle protagoniste della grande crescita del settore high tech dell'India: quasi due milioni di *high value jobs* e 400 miliardi di *shareholder value*. E all'orizzonte si vedono le nuove opportunità di offshoring abilitate dalla tecnologia: turismo sanitario, offshoring di servizi legali eccetera. L'elenco potrebbe essere ben più lungo, ma queste imprese hanno investito in grandi innovazioni perché i loro clienti pagavano. Pochi dollari al mese per un cellulare in Africa; i clienti prima dell'export nei Paesi ricchi e poi sempre più del mercato interno in Cina e in Vietnam.

La lotta alle disuguaglianze di reddito (e la creazione di valore per gli azionisti) deve affrontare una nuova fase fronteggiando l'ondata di protezionismo che sta limitando la crescita del commercio mondiale. Non è però detto che vada peggio per i più poveri. La crescita dell'export cinese, minacciata dalle politiche occidentali, potrebbe favorire i consumatori africani. I lavoratori di questo continente, soprattutto nella fascia mediterranea, potrebbero beneficiare dello sviluppo del cosiddetto *nearshoring*, ovvero della tendenza delle aziende di Paesi ricchi, in questo caso europei, a collocare i loro fornitori in Paesi a basso costo della manodopera ma più vicini.

In ogni caso, le sorti delle disuguaglianze di reddito saranno sempre più legate alle dinamiche di competitività del commercio che a quelle delle classifiche ESG. Su molte altre iniziative, in particolare quelle dirette a favorire l'inclusione, i risultati devono essere misurati soprattutto nei vantaggi che apportano all'impresa, rafforzandone la posizione con alcuni *stakeholder* chiave per il suo successo, come i suoi dipendenti di maggior potenziale e talento, o proteggendola da rischi potenzialmente distruttivi per il business.

Proteggere l'azienda, non il mondo

Le aziende che operano, direttamente o attraverso la loro catena di fornitura, in Paesi che un tempo si sarebbero definiti in via di sviluppo corrono una serie di rischi di natura reputazionale, che a volte, come nel caso di Nike, possono incidere direttamente sul loro conto economico. Questo perché gli standard di salario, sicurezza sul lavoro e protezione dell'ambiente e dei diritti delle minoranze di questi Paesi sono, a volte, ben lontani da quelli dei Paesi dove risiedono i clienti, gli azionisti e i regolatori di queste aziende. ONG, reporter e attivisti vari sono oggi sempre più pronti e, con la diffusione delle informazioni dell'era digitale, anche sempre più capaci di esporre queste differenze, accusando le aziende di avere comportamenti eticamente intollerabili in Occidente, o di approfittare del fatto che lo facciano i loro fornitori. Di fronte a queste accuse, le difese delle aziende che proclamano quanto di buono starebbero facendo, su altri piani, per aiutare le comunità interessate suonano ipocrite. Se una fabbrica inquina un fiume, il fatto che l'azienda proprietaria abbia finanziato scuole e ospedali nei villaggi vicini suona quasi come un'ammissione di colpa o, peggio, un tentativo di comprare a poco prezzo la salute degli abitanti delle zone circostanti. Se una fabbrica viene accusata di inquinare, l'unica difesa per il proprietario è convincere l'opinione pubblica che ha davvero fatto tutto il possibile per evitarlo.

Questo rischio deve spingere le aziende a lasciar perdere le dichiarazioni su quanto fanno a proposito dei 17 SDGs, e concentrarsi sui rischi di casa propria, con un approccio molto deciso per eliminare alla radice le potenziali accuse di non aver fatto abbastanza.

Per le aziende che gestiscono risorse naturali, dal minerario all'agricoltura e foreste all'energia, è fondamentale il rapporto con le comunità in cui sono insediati i propri impianti. Concessioni, permessi ambientali, autorizzazioni di nuovi investimenti: sono tante le decisioni dal valore di miliardi di dollari per queste imprese che possono essere influenzate non solo dalle regole e dalla politica, ma da come vengono viste nei territori in cui sono insediate. Le imprese lo sanno, ma quello che a volte le coglie di sorpresa è la velocità con cui è salito all'attenzione della politica (a volte prima internazionale che nazionale) il problema della discriminazione di comunità ancestrali separate dalla maggioranza della popolazione di un Paese che solo di recente ne riconosce i diritti. Tutte le imprese che investono chiedono a gran voce che le regole che influenzano i loro investimenti restino stabili nel tempo, ma, quando le regole di un Paese sono molto distanti da quelle che adottano Paesi più ricchi ed evoluti, sperare che non cambino significa mettere la testa sotto la sabbia.

Enel, nella gestione delle sue centrali idroelettriche in Sud America, si è dovuta confrontare con il deciso cambiamento di rotta che i governi della regione hanno impresso al riconoscimento dei diritti delle comunità. Un impianto realizzato negli anni Ottanta in Cile aveva sommerso un sito di culto ancestrale delle popolazioni locali, creando una frattura che esiste tuttora. Le continue proteste delle popolazioni di origine indigena rappresentavano una minaccia economica molto pesante per l'azienda, perché la legislazione cilena stabiliva che le concessioni idroelettriche durassero per sempre, abbastanza un *unicum* nel panorama mondiale, ed era periodicamente attaccata da politici riformatori che volevano riportarle nella proprietà dello Stato. Impianti del valore di svariati miliardi, che generavano profitti di oltre 500 milioni di dollari l'anno, erano a rischio.

Ben più recentemente, all'inizio degli anni Dieci del nuovo secolo, la realizzazione di un impianto idroelettrico in Colombia ha visto l'azienda contrapporsi alle comunità locali che, a causa dei terreni sommersi, perdevano possibilità di lavoro nell'agricoltura. Queste persone non potevano vantare nessun diritto legale perché lavoravano su terreni di proprietà pubblica o come braccianti in terre di proprietà privata. I proprietari (Stato o privati) avevano ceduto i terreni per la costruzione del bacino, ma ai coltivatori non restava nulla. Su ordine delle autorità, è stato realizzato un censimento delle popolazioni coinvolte (decine di migliaia di persone), per stabilire un'equa compensazione, ma a metà costruzione i criteri utilizzati sono stati messi in discussione, e il numero di coloro che reclamavano il compenso è cresciuto moltissimo.

Con il cambio del management di Enel nel 2014, si è adottato un approccio radicalmente diverso. Si sono bloccati tutti gli sviluppi di nuovi grandi impianti idroelettrici, che oltretutto erano fortemente impattanti sull'ambiente, e si sono avviati programmi di ingaggio delle comunità, con nuovi posti di lavoro in aziende create dalle comunità locali a sostegno degli investimenti in impianti meno dannosi per l'ambiente, come quelli eolici e solari.

Ci sono migliaia di aziende multinazionali che si trovano impelagate in situazioni di conflitto, di sfruttamento della manodopera, di discriminazione in cui minoranze svantaggiate non vengono protette dalla legge. Per queste aziende il fatto che le minoranze e i diritti abbiano visto in passato un lieve progresso è di scarso aiuto. Anzi, la situazione in cui si trovano a operare rischia da un momento all'altro di risultare intollerabile proprio perché le opinioni della società cambiano e quello che era tollerabile ieri diventa intollerabile oggi. Tenere gli occhi aperti e rimboccarsi le maniche per risolvere queste crisi locali è spesso l'unico modo di salvaguardare i profitti dei loro azionisti. Un rischio gestito male vale più di novantanove progressi nelle metriche ESG, che non toccano interessi vitali dell'azienda.

Una lezione di realismo sui rischi che corrono le multinazionali occidentali nel voler gestire a metà le problematiche sociali della produzione nei Paesi poveri lo offre il tragico caso delle violenze subite dalle lavoratrici della piantagione modello di Unilever in Kenya. Se crediamo a quanto affermato dall'azienda, ovvero che non aveva in realtà molto controllo sulle piantagioni, l'errore del management è stato di pensare di poter creare un sistema modello in qualche modo telecomandato dagli uffici di Londra, affidando alla sola logica contrattuale del «ti pago di più quindi tratti meglio le dipendenti» quello che in effetti doveva essere un vero cambiamento culturale della società keniota in cui erano immerse le piantagioni. Che può avvenire, ma va creato un passo alla volta a partire dalle condizioni concrete del lavoro nel Paese in cui si investe e che, come ci insegna la storia, avviene davvero quando la capacità contrattuale dei lavoratori e delle lavoratrici si rafforza, non quando qualche datore di lavoro illuminato decide di essere più sostenibile.

Ma i rischi del rapido cambiamento dell'idea di cosa sia eticamente accettabile non è limitato ai Paesi poveri. Un esempio che ha visto cambiamenti radicali anche nei Paesi occidentali è quello dei diritti delle cosiddette «minoranze»: donne (che sono una minoranza nelle posizioni di potere), minoranze etniche, persone discriminate per i loro orientamenti sessuali.

Le società occidentali, che da tempo riconoscevano la parità dei diritti sulla carta, oggi alle aziende chiedono di più. Il fallimento di Miramax, casa cinematografica portata al tracollo dai comportamenti predatori del suo fondatore e CEO Harvey Weinstein, all'origine del movimento #MeToo, ricorda che chiudere un occhio su comportamenti inaccettabili può essere molto pericoloso.

La risposta delle aziende è la cosiddetta D&I (diversità e inclusione), un ingrediente fondamentale di tutti i programmi di sostenibilità delle imprese, che determina sempre una parte del loro voto nelle classifiche ESG e racchiude decine di iniziative e misure diverse, con un tema in comune: l'impresa crea opportunità (di carriera per i dipendenti, di crescita economica per i suoi fornitori, di soddisfazione per i suoi clienti) e costruisce un ambiente, fatto di uffici, procedure, modelli culturali e di comportamento in cui vivono persone di sesso, etnie e culture diversi. Ma non tutti hanno le stesse opportunità e non per tutti l'ambiente è altrettanto accogliente. Fare in modo che le opportunità siano uguali per tutti e che tutti si sentano ugualmente accolti e valorizzati (nonostante ciò generalmente non avvenga nella società in cui opera l'impresa) è l'obiettivo delle iniziative di inclusione.

Detto così, sembra un obiettivo ragionevole, moralmente giusto e anche non particolarmente costoso. Se per ridurre le emissioni di CO_2 devo cambiare gli impianti, passare ad auto e riscaldamento elettrici e progettare nuovi prodotti più efficienti, trattare equamente le donne e gli afroamericani, cosa mi costa?

Il problema è che il punto di partenza dell'impresa non è praticamente mai equo, essendo immersa in una società che è anch'essa iniqua nei confronti di questi gruppi. Altrimenti il problema non si porrebbe. E le aziende devono quindi progettare dei percorsi di miglioramento nel tempo che abbraccino un numero potenzialmente altissimo di variabili, perché per ogni gruppo svantaggiato ci sono decine e decine di cose che un'azienda può fare e monitorare: nello stipendio, nella carriera, nel clima lavorativo, nella cultura interna, nella considerazione di esigenze specifiche (dalla maternità alle feste religiose), e nel modo in cui queste cose sono gestite dai fornitori, presentate nella pubblicità dei suoi prodotti eccetera. Bisogna stabilire delle priorità e, a differenza del clima, la scienza non è d'aiuto.

Né lo sono strumenti come «l'analisi di materialità», che si risolve generalmente nel chiedere a gruppi di persone in rappresentanza dei diversi *stakeholder* cosa per loro sia più importante. Decenni di esperienza nel marketing hanno dimostrato che fare queste domande è del tutto inaffidabile come metodo per capire le esigenze dei clienti. Figurarsi se oltre ai clienti ci sono i dipendenti, i fornitori, gli azionisti e un gruppo più o meno assortito di rappresentanti della società civile. Le aziende devono però fare delle scelte e il problema è che oggi le fanno immaginando ciò che le aiuterà a scalare le classifiche ESG.

Queste scelte hanno una forte componente politica e questo, come abbiamo visto, è già un campo minato. Ma non è l'unico rischio che le imprese devono gestire. Anche crogiolarsi nello status quo può causare seri problemi, con il pericolo di fare la fine della Miramax se non si colgono i cambiamenti, anche improvvisi, nelle soglie di tolleranza della società. Perché da molto prima dello scandalo Weinstein, le cosiddette *avances* dei produttori cinematografici verso le attrici o aspiranti tali erano il segreto di Pulcinella. Ma per Hollywood occuparsi di sostenibilità significava soprattutto fare gli ambasciatori dell'UNICEF.

Le aziende *talent-based*, in permanente guerra tra loro e con altri settori per attrarre i migliori talenti, hanno in molti casi un problema con le donne. I settori della finanza, della tecnologia e della consulenza rimangono maschili, soprattutto ai livelli alti, ma nel nuovo secolo si sono trovati di fronte a generazioni di nuovi talenti molto più esigenti e che rifiutano lo stile machista del passato. Anche perché l'esclusione di fatto delle donne dalla crescita professionale va spesso a braccetto con una logica del «mettere/mettersi alla prova» con ritmi di lavoro insostenibili (e soprattutto incompatibili con una qualsiasi forma di vita familiare), finalizzata più a dimostrare il proprio impegno che a ottenere risultati reali. Si aggiunga al mix una dose di serpeggiante disprezzo per chi non ce la fa e si valica così il confine tra un ambiente di lavoro ambizioso e sfidante e uno che non si può che definire «tossico».

A queste situazioni lavorative un numero crescente di giovani oppone un rifiuto a volte incomprensibile per la generazione precedente, ma con conseguenze pesanti per le organizzazioni che ne sono oggetto. Perché per loro attrarre talenti tra le giovani generazioni è un fattore di successo essenziale e l'etichetta di «ambiente tossico» pesa molto.

A un ragazzo (e soprattutto a una ragazza) che esce da un'università prestigiosa, completa una *business school* o ha fatto i suoi tre-cinque anni di formazione in una multinazionale della consulenza o in una prestigiosa banca d'affari, i punteggi ESG interessano poco. Quel (o quella) giovane si informa su LinkedIn o su Glassdoor su cosa accade davvero in azienda, ai piani bassi, e contatta gli ex compagni di studio e gli ex colleghi su ogni tipo di social. Per lui (o lei) non c'è nulla di così controproducente come l'ipocrisia. Per questo le aziende per cui i talenti sono essenziali per il loro successo cominciano, un po' alla volta, a fare sul serio. McKinsey, la società di consulenza di cui entrambi gli autori hanno fatto parte, assieme alle sue concorrenti Bain e BCG, sta puntando ad aumentare la percentuale di donne che assume (ora quasi al 50%), ma soprattutto a far crescere quelle nelle posizioni di leadership (nel caso di McKinsey partner e partner associati), che si posizionano attorno al 30% e stanno crescendo al ritmo dell'1-2% l'anno.

A fronte di questi progressi, lenti ma concreti, in ciò che conta davvero nell'attrazione dei talenti, si pongono azioni molto più «simboliche», tra cui, per le società di consulenza strategica, possiamo annoverare la percentuale di donne negli organi direttivi delle società (*shareholder council* per McKinsey ed *executive committee* per BCG). In questi organi la percentuale di donne è decisamente superiore a quella complessiva dei partner (nonostante i membri siano scelti tra quelli più anziani, dove le percentuali femminili sono ancora più basse), segno evidente che si è applicata una politica di quote rosa. Che però alle ragazze di talento che popolano queste organizzazioni interessano decisamente meno delle concrete prospettive di carriera che vedono davanti a sé nel futuro, rappresentate dalle donne partner nei loro uffici.

Nel suo saggio *Meritocrazia*, uno degli autori è stato tra i primi a proporre di avere più donne nei consigli di amministrazione delle imprese italiane, già nel 2009, quando la presenza femminile nei consigli raggiungeva un magro 5%, mentre oggi sfiora il 40%. Lo ha fatto non (solo) spinto da desiderio di maggior equità sociale, ma per avere più talento a disposizione delle imprese in un'era in cui il talento femminile è particolarmente prezioso. Non aveva proposto una legge, ma un'iniziativa volontaria nell'ambito delle buone regole di funzionamento di un CdA. Serviva un'«azione positiva» temporanea, perché nei comitati di nomina che scelgono i consiglieri di amministrazione a nessuno passava per l'anticamera del cervello di nominare una donna, essendo gruppi di soli maschi. Bastava forzare temporaneamente il sistema in modo volontario per avere almeno due donne che avrebbero poi pensato a cambiare le cose. Purtroppo anche in questo caso la politica si è appropriata dell'idea ed è stata varata la legge sulle «quote rosa» che ha portato all'attuale 40% di donne nei CdA italiani. Ma nonostante la metrica rassicurante (per gli evangelisti dell'ESG) del 40%, anche da noi, come nel resto del mondo occidentale, le donne abbondano in ruoli di staff con poco potere. E i maschietti? Silenzio, a testimonianza del fatto che il tema non è percepito da loro come veramente importante per migliorare la diversità e la qualità della leadership delle imprese, ma solo l'ennesima iniziativa sociale nella quale abbondano gli scettici silenziosi e gli evangelisti ideologizzati.

Gli sforzi fatti dalle società di consulenza per creare un ambiente di lavoro più accogliente per le donne sono a cavallo tra la gestione del rischio (di essere etichettate come «tossiche» dai talenti delle nuove generazioni) e lo sfruttamento di nuove opportunità, ovvero di competere con successo nell'attrazione di talenti nei confronti di datori di lavoro notoriamente ancora più tossici, ma che offrono stipendi ancora più alti: le banche d'affari. In questo non sono certo le sole, perché il mondo della sostenibilità offre diverse opportunità di rafforzare la propria posizione nei confronti di quelli che vengono chiamati *stakeholder*: clienti, finanziatori, dipendenti, fornitori chiave. I casi studio delle *business school* sono pieni di successi con i clienti ottenuti da aziende che fanno della sostenibilità anche una strategia di marketing: dall'abbigliamento di Patagonia ai gelati di Ben & Jerry's.

Questi esempi dimostrano chiaramente come le imprese che vogliono proteggersi davvero dai rischi o fare qualcosa per i loro *stakeholder* devono lasciar perdere l'obiettivo di trasformare il mondo e le decine di iniziative per coprire tutto lo spettro degli SDGs e tutti gli *stakeholder* possibili e immaginabili. Focalizzarsi su poche iniziative a prova di bomba (nei rischi) e realmente in grado di distinguerle da ciò che fanno gli altri è il miglior modo per trarre vantaggi concreti dall'attività nel sociale. Per migliorare il mondo serve molto di più fare bene il proprio business, facendo guadagnare gli azionisti. E, per riuscirci, è necessario che nell'impresa funzioni bene la terza lettera di ESG, la *governance*, anche se in modo molto diverso da come generalmente richiedono i dettami della sostenibilità aziendale.

12

Il vero governo della sostenibilità aziendale

La governance delle aziende è molto importante, ma deve riscoprire il suo ruolo di difendere l'interesse a lungo termine degli azionisti, oggi un po' trascurato rispetto a una moltitudine di stakeholder

Quando nel mondo delle imprese si parla di sostenibilità e, conseguentemente, di ESG, le lettere E (Environmental) e S (Social) ricevono la maggioranza dell'attenzione, e nei capitoli precedenti abbiamo spiegato come questa attenzione sia spesso rivolta agli obiettivi sbagliati e come gli scettici non abbiano tutti i torti a criticarla. Ma che dire della G (Governance)? Se ne parla poco, ma è molto importante, anche se per ragioni diverse da quelle propugnate dai paladini dell'ESG. Più che preoccuparsi di un numero strabordante di *stakeholder*, il governo dell'impresa deve tornare a focalizzarsi sul motivo per cui è stato creato: difendere l'interesse degli azionisti.

Cos'è la G?

Con l'espressione inglese *governance*, da cui la G di ESG, gli studiosi di diritto societario e di economia aziendale intendono l'insieme di regole scritte e di pratiche operative con le quali si decide chi comanda in un'azienda e come esercita effettivamente il suo potere.

Ma che bisogno c'è di tutto questo studio? Non comanda semplicemente il proprietario? La realtà è che, poiché oggi le aziende, in particolare quelle grandi, sono delle entità complicatissime, stabilire come il potere di prendere le decisioni si trasmetta in queste organizzazioni è una faccenda molto complessa. Amazon ha un fatturato grande circa come il PIL del Portogallo, un milione e mezzo di dipendenti, opera in oltre 130 Paesi e ha quasi 7000 azionisti solo tra i fondi di investimento, che detengono le sue azioni in nome e per conto di decine di milioni di azionisti indiretti. Praticamente uno Stato, e neanche tra i più piccoli.

Nelle aziende che hanno una struttura cosiddetta a responsabilità limitata (in Italia soprattutto le società per azioni e le SRL, ma ci sono strutture analoghe in tutto il mondo), la figura chiave è quella dell'amministratore, che è poi qualcuno che, da solo o molto più frequentemente all'interno di un consiglio di altri amministratori, è delegato dagli azionisti a prendere le decisioni più importanti. La delega serve sia a facilitare la vita agli azionisti, specie quando sono tanti e non devono così mettersi d'accordo ogni volta, sia a scaricarli di una serie di responsabilità sulla gestione. Il principio di una società a responsabilità limitata è che gli azionisti sono responsabili solo per i soldi che ci hanno messo, il capitale dell'azienda, e i creditori non possono rivalersi sui loro beni se l'azienda fallisce. La contropartita è che l'azienda deve avere delle persone che assumano la responsabilità di decisioni avventate o truffaldine ed eventuali dichiarazioni non veritiere, per esempio sulla solidità finanziaria dell'azienda, anche di fronte ai creditori. E queste persone sono gli amministratori, che costituiscono a loro volta un Consiglio di Amministrazione (CdA) all'interno del quale sono definiti «consiglieri».

Questa, la teoria. Che ha implicazioni molto pratiche quando l'azienda è in una situazione di rischio finanziario, c'è il pericolo che fallisca e gli amministratori sono investiti di pesanti responsabilità, che quasi sempre richiedono loro un super lavoro, e anche parecchi grattacapi.

Quando invece le cose vanno bene, il compito principale degli amministratori è analogo a quello che hanno svolto verso di loro gli azionisti, ovvero delegare. Il consiglio di amministrazione (o, più spesso, gli azionisti) individua un amministratore (amministratore delegato o AD) cui affidare la gestione operativa dell'azienda e mantiene per sé stesso solo le decisioni più importanti: l'approvazione del bilancio, il budget, le grandi decisioni strategiche. Che però vengono preparate e proposte dall'amministratore delegato (AD) e dal resto del management di cui l'AD è il capo: al consiglio resta quindi più un ruolo di verifica e controllo che di iniziativa.

Se, per esempio, c'è un azionista di riferimento (a volte l'imprenditore che ha fondato l'azienda o un membro della sua famiglia), il CdA deve assicurarsi che chi gestisce l'azienda non lo favorisca danneggiando gli altri azionisti. In tutti i casi, il CdA deve vegliare su quello che fa il management, sui risultati economici che porta e sulle decisioni più importanti che prende o che propone (come, per esempio, le acquisizioni), sul rispetto di leggi e regolamenti, e stabilire quanto l'azienda debba pagarlo.

Potrebbe sembrare un ruolo da «controllore» un po' burocratico e sostanzialmente passivo, e in effetti alcuni consiglieri di amministrazione, sbagliando, lo interpretano così, ma farlo invece bene è molto delicato. Bisogna che il consiglio nel suo complesso stabilisca un rapporto di fiducia con l'AD (perché se si va allo scontro è un disastro e non resta che cambiare l'AD, i consiglieri o tutt'e due) ma che non sia una delega in bianco, altrimenti la capacità del consiglio di vigilare, e anche aiutare il management quando imbocca una strada non ottimale, va a farsi benedire.

È necessario perciò scegliere i membri del CdA più adeguati, il che vuol dire che devono essere non solo bravi e autorevoli, consapevoli di ciò che è un'azienda e in grado di saper leggere un bilancio, ma anche, almeno in parte, indipendenti dal management (e dall'azionista di riferimento, se c'è). Devono pensare solo al bene dell'azienda e di tutti i suoi azionisti e non al vantaggio dell'azionista che li ha proposti. I processi per selezionare i consiglieri di amministrazione sono complessi, regolati dal diritto societario, spesso diversi da Paese a Paese, e talvolta molto controversi perché l'azionista che controlla il CdA controlla *de facto* il potere nell'azienda.

I consigli di amministrazione sono a loro volta una macchina molto complessa, sostanzialmente sono il fulcro della governance dell'azienda. Hanno un capo, il presidente del CdA, un *primus inter pares* che organizza i lavori del consiglio, e preparano l'esame delle materie da discutere suddividendole spesso tra «comitati» costituiti da tre o quattro consiglieri: bisogna assicurarsi che i numeri nei conti economici siano «veri», e allora c'è il comitato «audit» con consiglieri esperti di contabilità; bisogna controllare i rischi aziendali, e allora si crea un comitato «rischi»; bisogna decidere la retribuzione del CEO, e allora c'è il comitato «retribuzioni» eccetera.

Chi conosce i CdA delle aziende sa bene che una delle motivazioni dietro il loro lavoro e impegno è il desiderio dei singoli consiglieri di proteggersi da iniziative degli azionisti qualora le cose si dovessero mettere male e i consiglieri rischiassero il loro posto o, anche peggio, finissero con l'essere oggetto di sanzioni dalle autorità, cause o addirittura azioni penali. Quando un'azienda quotata va male per troppo tempo, intervengono gli azionisti, a volte come azionisti di controllo, a volte rappresentati da investitori più attivi («fondi attivisti» negli Stati Uniti, ma sempre più anche in Europa) che cambiano tutto o parte del CdA. Questi ultimi si proteggono soprattutto con un enorme sforzo di *compliance* formale con le leggi e le procedure, al fine di dimostrare alla magistratura che, se anche le cose non sono andate bene, il consiglio di amministrazione ha fatto il suo dovere.

Purtroppo, avviene quasi sempre che l'aspetto formale abbia il sopravvento su quello sostanziale anche perché è indubbiamente difficile entrare nel merito delle decisioni, soprattutto quando si parla di grandissime aziende. Anche una cosa teoricamente semplice, come pianificare la successione dell'amministratore delegato, nella stragrande maggioranza dei casi non viene fatta, perché a volte i consiglieri sanno che è l'azionista di controllo a decidere, altre volte l'AD non mostra la minima intenzione di pensare a una data per il suo pensionamento ed è difficile pianificare una scelta simile con una scadenza del tutto incerta. Anche perché la scelta del capo azienda dipende, oltre che dalla competenza dei candidati nel settore industriale interessato, anche dalle priorità che l'azienda deve affrontare: ridurre i costi o espandersi in nuovi mercati richiedono competenze e approcci diversi, e la personalità dei candidati, che si riflette in aspetti cosiddetti *soft* del loro stile di leadership, può fare una differenza enorme nel loro inserimento di successo alla guida dell'azienda. Non parliamo poi quando si tratta di capire cosa sta succedendo nel business: nei sondaggi spesso i consiglieri dichiarano candidamente di non avere idea di cosa ci sia dietro i numeri dei conti economici, di non avere chiari nemmeno i rischi che corre l'azienda, né la strategia del management.

Nella nostra esperienza di consigli di amministrazione, in Italia e all'estero, ci siamo resi conto di persona di quanto sia difficile per un CdA «aggiungere valore» oltre al rispetto formale delle regole nei processi di governance. I rari casi in cui ciò avviene sono situazioni in cui c'è un presidente veramente leader (e non una figura di rappresentanza, come è nella più parte dei casi) affiancato da consiglieri con la giusta «indipendenza morale» che riescono ad aiutare davvero l'AD, anche mettendo in discussione le proposte e le strategie del management. Ma spesso è molto più facile assistere passivamente alla presentazione di centinaia di slide e partecipare a riunioni conviviali gratificandosi per il rispetto dovuto a un consigliere di amministrazione.

Sta cambiando qualcosa? Decisamente sì, perché i fondi «attivisti» da un lato e la diffusione di alcune buone regole di base dall'altro (come separare la figura del presidente da quella dell'amministratore delegato, aumentare il numero dei consiglieri indipendenti e non avere manager con ruoli esecutivi in azienda all'interno del consiglio) stanno lentamente migliorando le cose.

Soprattutto sta progressivamente scomparendo tra i consiglieri di amministrazione quella mentalità un po' passiva e poco coraggiosa che li portava ad allinearsi sempre e senza neanche un briciolo di discussione a chi comanda davvero nel consiglio, vuoi che sia l'azionista-imprenditore-presidente-capo azienda-di-fatto o l'amministratore delegato superstar. Cresce la coscienza che il consigliere di amministrazione ha in molti casi gli interessi di diversi *stakeholder* da considerare: quelli di tutti gli azionisti che il management sta trascurando, quelli degli azionisti di minoranza, quelli di creditori e dipendenti se l'azienda azzarda troppo e rischia il fallimento. E su questa nuova coscienza di chi deve difendere a volte interessi diversi, si innesta la logica dell'attenzione agli *stakeholder* e dell'ESG.

La G dell'ESG

L'arrivo della sostenibilità nelle stanze dei consigli di amministrazione ha portato senza dubbio una ventata di aria fresca. Innanzitutto, sono aumentate le donne, in alcuni posti per legge (come in Italia), in altri per una spinta collettiva di investitori, opinione pubblica e degli stessi veterani dei CdA che non volevano che la loro azienda sembrasse un ritrovo di dinosauri. Negli Stati

Uniti alla crescita delle donne si è affiancata quella delle minoranze etniche.

Ma oltre al *background* di genere ed etnia, è cambiato anche l'atteggiamento del consigliere di amministrazione-tipo. Il doversi occupare del clima, dell'ambiente, delle minoranze e disabilità permetteva ai consiglieri di fare molte più domande al management. Il divario di conoscenze sull'azienda e sulla sua attività che c'è sempre tra un consigliere, per quanto preparato, e l'amministratore delegato, coadiuvato da una legione di dirigenti che, come lui, studiano il business in ogni minimo dettaglio, è enorme. Anche quando i consiglieri sono bravi, e si impegnano a entrare negli aspetti di business, lo fanno per lo più ponendo delle domande.

Sui temi dell'ambiente e dei problemi sociali il divario di conoscenza era ovviamente molto più ridotto, e il management era all'inizio più che giustificato nel non avere tutte le risposte. «La sostenibilità è un percorso di trasformazione» era un concetto che veniva ripetuto per incoraggiare questo primo avventurarsi di amministratore delegato e consiglieri a discutere di problemi che un tempo sarebbero stati liquidati con un «non ci riguarda». Le trecento slide con le risposte preconfezionate non erano, all'inizio, disponibili e la discussione era più aperta.

L'adozione dei principi di inclusione e accettazione della diversità richiesti alle aziende dagli standard ESG ha avuto anche effetti culturali, nel contribuire a cambiare il modello di comportamento richiesto all'AD, il che a sua volta si è generalmente tradotto in una maggiore propensione alla discussione all'interno del consiglio. Il capo azienda onnisciente, mente solitaria alla guida di un esercito di esecutori, focalizzati in modo indefesso sull'obiettivo strategico emerso dalla visione sovrumana del capo, veniva mandato in soffitta. Il capo doveva «includere», ammettere di aver sbagliato, insegnare ai suoi dirigenti a farlo. In Enel il responsabile dell'innovazione e sostenibilità lanciò una campagna di formazione chiamata My Best Failure per insegnare a tutti che solo chi non prende rischi non sbaglia mai, che dagli errori si impara e che, se uno racconta i propri sbagli, imparano un pochino anche gli altri.

Intanto, anche gli *stakeholder*, non solo i membri del consiglio di amministrazione, chiedevano risposte. Agenzie di rating, investitori *green*, ONG facevano le pulci all'azienda su tutto: emissioni, consumi, rifiuti, riciclo, dipendenti, clienti, fornitori, comunità locali vicine e lontane. La trasparenza era la massima espressione di efficacia della G di ESG. Si era iniziato con il riportare i fatti, attraverso il bilancio di sostenibilità che documenta quanto l'azienda ha realizzato su ciascuna di queste dimensioni. Ma presto le aziende sono passate dalla trasparenza sui fatti a quella sulle intenzioni. Gli obiettivi devono essere di breve, medio e lungo termine, quantificati su tutti gli indicatori che misurano il progresso sui temi di interesse degli *stakeholder*. E quali sono questi temi? Questo lo stabilisce la «matrice di materialità», un documento redatto dopo numerose interviste con un vasto gruppo di referenti, che più ampio è meglio è, e che di fatto dice quale tra i vari temi ambientali e sociali importi per caso a qualcuno.

Ovvio che la *disclosure* su matrice di materialità, obiettivi, indicatori, risultati e piani di miglioramento fornisce ampio materiale di discussione, tanto che in molti consigli si è dovuto creare un comitato ad hoc per la sostenibilità, e arricchire la composizione dei CdA con consiglieri che ci capiscano qualcosa. Il meccanismo di dichiarare un obiettivo generale, tradurlo in numeri concreti e darsi un piano specifico per raggiungerli, copiato dalla pratica della pianificazione strategica, è passato in quella del piano di sostenibilità. Solo che, mentre la strategia richiede di battere la concorrenza e quindi i dettagli dei piani restano riservati, la sostenibilità è uno sforzo collettivo in cui tutte le aziende devono collaborare per salvare il pianeta, e la trasparenza è un obbligo. In parallelo alla crescita del dettaglio, il panorama degli impegni cresceva anche in generalità. La gara al rialzo tra aziende sulla completezza dell'approccio (cioè occuparsi di tutto), la magniloquenza degli obiettivi e il dettaglio della rendicontazione era partita, e i consigli di amministrazione avevano acquisito una nuova centralità rispetto alla figura, prima solitaria, del capo azienda.

All'inizio, e in tantissimi casi ancora oggi, tutto ciò è stato vissuto come un magnifico successo, oltre che una grande crescita di responsabilità da parte dei consigli: di fatto, un inatteso «salto di carriera».

Poi è cominciata ad apparire qualche crepa.

L'altra faccia della G

La rivoluzione della sostenibilità ha aggiunto un altro livello di complessità alla governance delle grandi imprese, già alle prese con il tentativo dei consigli di amministrazione di fornire un contributo sostanziale alla crescita del valore per gli azionisti.

I critici dell'ESG e del *woke capitalism* non si oppongono solo al principio ideologico secondo cui il management delle aziende debba preoccuparsi degli *stake-*

holder e non solo della creazione di valore per gli azionisti, ma denunciano a gran voce, soprattutto negli Stati Uniti, il danno che la G porta a una governance delle imprese già troppo oppressa dalla burocrazia e dal *box ticking* della *compliance*. L'aggiunta del nuovo comitato, che spesso prende il nome di ESG (o a volte di CSR), con nuovi processi e consulenti, e un'esplosione della burocrazia per stare dietro a regole in continuo divenire e che vengono periodicamente rese più stringenti in nome della lotta a *green* e *socialwashing*, sono visti come colossali distrazioni. Con il risultato che i consigli di amministrazione non si occupano del loro compito principale, che è quello di vegliare sulla creazione di valore per gli azionisti.

Le regole della rendicontazione di sostenibilità sono particolarmente complesse per il sistema finanziario. Il principio di fondo della sostenibilità aziendale è che un'impresa deve occuparsi delle conseguenze rilevanti (in inglese *material*, da cui la matrice di materialità già citata) delle sue attività su clienti, fornitori e comunità circostanti. Se sono un produttore di automobili, devo occuparmi di misurare quante sono le emissioni di cui sono responsabili i clienti che hanno comprato le mie auto. Se sono il produttore di pneumatici che vengono montati su quelle auto, non devo farlo, anche se con pneumatici migliori i consumi potrebbero ridursi un pochino, perché si valuta che il contributo degli pneumatici non sia abbastanza rilevante da obbligare i loro produttori a misurare i chilometri che fanno i clienti e quanto consumano.

Per le imprese finanziarie questa esclusione non vale, perché si pensa che fornire denaro a un'impresa per la sua attività, o a una famiglia per comprare una casa o un'automobile, sia un elemento abilitante essenziale di quell'attività. Un ragionamento forse condivisibile, ma dalle conseguenze pesantissime sul fronte della *compliance*, perché il denaro è un elemento pervasivo di tutta l'economia e una banca presta denaro per ogni genere di attività. Deve quindi creare sistemi molto complessi per conteggiare l'impatto sulle emissioni di anidride carbonica di ogni attività economica e, in Europa, valutare se quell'attività viene svolta secondo tecnologie compatibili con le complicatissime regole della tassonomia europea. E questo solo per il clima. Per il resto dei temi ambientali (E) e sociali (S), gli obblighi crescono ulteriormente.

Tutto ciò a fronte di regole sul clima, e in generale sulla sostenibilità (per esempio, il Green Asset Ratio di cui abbiamo parlato) in divenire, e spesso confuse. E più sono confuse e aumentano, più i consigli di amministrazione se ne devono preoccupare.

All'agenda dei CdA delle banche, già piena di *compliance* sui rischi, sulle nomine, sulle retribuzioni e sulle norme dei regolatori, si aggiunge quella della sostenibilità. Ai tradizionali timori del CdA nei confronti di azionisti insoddisfatti, si aggiungono quelli nei confronti di attivisti che attaccano sia le aziende che fanno poco, sia quelle che fanno più delle altre, perché sono a perenne rischio di *greenwashing*. E i CdA devono scegliere tra fare e annunciare poco, o porsi come «campioni della sostenibilità» e correre il rischio di attacchi.

All'iperattivismo roboante di manager e consiglieri di amministrazione si sta rapidamente sostituendo una preoccupazione generalizzata sull'ingestibilità dei sistemi che si stanno creando. Ma, a oggi, una via di uscita ancora non si vede.

Pensare un po' meno agli stakeholder, e tornare a difendere gli azionisti

Non è purtroppo oggi concepibile che un CdA, anche sensibile alle idee descritte nelle pagine precedenti, elimini i processi formali di *compliance* sulla sostenibilità. La cosa apparentemente più furba sarebbe trattarli per quello che sono veramente, cioè pura *compliance*, e non come essenziali per il successo a lungo termine dell'impresa, come sostengono tutti gli evangelisti della sostenibilità. Ma anche questo derubricarli a un esercizio puramente formale non è così semplice.

Il problema è che la normativa attuale obbliga le aziende a spiegare come passano da quello che dichiarano essere importante, a come lo decidono, a cosa pensano di fare per gestirlo e quali risultati ottengono e rendicontano. Il tutto, poi, deve essere realizzato attraverso processi verificati dai revisori contabili, dato che i risultati finiscono nel bilancio. Quindi, quanto maggiori, più numerosi e dettagliati sono gli obiettivi e i piani d'azione, tanto più diventano complicati i processi di rendicontazione. E così esplode la burocrazia.

È perciò essenziale che i consiglieri di amministrazione comprendano questa dinamica e valutino molto seriamente su cosa valga davvero la pena impegnare l'azienda, perché poi bisognerà dare conto degli impegni, e le dichiarazioni un po' estemporanee non saranno più ammesse. Ovviamente, dovranno farlo con il supporto degli specialisti di sostenibilità che ormai popolano i ranghi manageriali delle grandi aziende, ma il loro contributo critico sarà fondamentale per evitare che la lista delle buone intenzioni si allunghi troppo.

È quindi necessario separare questa componente, di

carattere volontario, di questo esercizio, nella quale l'azienda decide che certe azioni e certi obiettivi sono davvero importanti e sceglie di misurarli e darne visibilità ai suoi *stakeholder*, da quella obbligatoria, imposta dalle norme. È su quest'ultima che l'azienda dovrà negoziare in modo costruttivo con i regolatori sul come mettere in piedi delle regole di misurazione più efficaci. Per arrivare a questo obiettivo, un CdA deve innanzitutto porsi la domanda: quali sono i costi-benefici dello sforzo ESG? E come rendere questo rapporto più efficace? È una domanda che ci si pone troppo raramente nei consigli di amministrazione.

Il vero problema della governance dei CdA è però un altro: quale parte di questa discussione sulla sostenibilità è importante per i miei azionisti? I manuali e le presentazioni di accademici e consulenti sono pieni di ricette sul «come integrare la sostenibilità nella strategia». Come «ascoltare gli *stakeholder*» per capire quali sono le priorità, come identificare strategie per «condividere» il valore con il pianeta e la società, come suggerisce il già citato Mike Porter. I CdA devono resistere a questa idea di una strategia generale, valida per tutte le aziende, che tocca una miriade di temi diversi, tutti etichettati con la parola «sostenibilità».

La chiave è allineare la leadership aziendale su alcune domande di fondo: quali sono le crisi che devo preoccuparmi di affrontare nel mio business prima che la regolamentazione, i miei clienti o i miei dipendenti più preziosi mi costringano a farlo, perché rimandare a domani sarà troppo tardi? E quali sono le opportunità di business che posso sfruttare nel giocare d'anticipo o i rischi che posso evitare?

E qui la governance è cruciale: i due fondi americani che sono intervenuti licenziando il signor Aiko Toyoda che si opponeva alla transizione verso l'elettrico sono un ottimo esempio. Per il CdA di una compagnia assicurativa, capire come cambiano i rischi climatici (gli algoritmi che definiscono i rischi in funzione di eventi del passato servono a poco, perché la frequenza degli eventi climatici gravi sta aumentando) è un elemento chiave che può definire i rischi del business e la sua strategia di mercato (per esempio, non assicurare più le case in Florida oppure aumentare moltissimo il prezzo delle polizze).

Per tutto il resto, vale non solo l'imperativo di sempre, quello di cercare di aumentare al massimo il valore per gli azionisti, ma anche gli strumenti manageriali che le aziende ben gestite applicano alla loro gestione: il marketing per capire cosa vogliono i clienti, il *risk management* per evitare trappole, una gestione attenta e aperta al dialogo con i regolatori.

Capire e anticipare la regolamentazione e i sussidi pubblici delle specifiche crisi diventa essenziale per la strategia. Un esempio: oggi investire in fonti rinnovabili di energia in Europa è redditizio, ma non lo è (o è molto difficile perché non si sa a chi vendere l'energia) in molti Paesi dell'Africa, in Cina e in diversi altri Paesi asiatici. C'è poi la trappola della S, dei fattori sociali, che abbiamo abbondantemente descritto nel capitolo precedente. Qui è compito del CdA chiarire le idee e chiamare le cose per nome. Capire dove possano nascere rischi sociali richiede molto di più di ciò che fanno oggi i molti processi ESG quando dichiarano formalmente di ascoltare gli *stakeholder* e di mappare le priorità sociali, perché il problema non è tanto quello di chiedere alle persone cosa si aspettino, ma anticipare per quanto possibile dinamiche sociali già avvenute in altri luoghi e altre industrie. Quando Endesa Colombia avviò una costruzione di una grande centrale idroelettrica nei primi anni del secolo, apparentemente non correva rischi perché il governo Uribe era pro-business e gli abitanti dell'area erano apparentemente contenti delle compensazioni economiche che Endesa prometteva, che erano anche superiori a quelle che aveva dato per le centrali precedenti. Poi, a metà del processo di autorizzazione e costruzione (che dura anni), il vento politico cambiò, le popolazioni si fecero esigenti ed Enel (che nel frattempo aveva preso il controllo di Endesa Colombia) si trovò a pagare un prezzo molto elevato per compensazioni impreviste e ritardi.

La mappatura non avrebbe aiutato neanche Unilever in Kenya e Nike in Vietnam, ma un CdA all'erta su questi rischi forse sì. E tra i rischi da cui guardarsi c'è quello che posizioni forti su questioni controverse, come per esempio i diritti di LGBT, portino a conflitti con la politica, com'è avvenuto in Disney, con il CdA che, alla fine, è dovuto intervenire sfiduciando l'amministratore delegato. Su tutto il resto delle iniziative sociali, quelle che non presentano né grandi rischi, né grandi opportunità, i consigli di amministrazione devono solo fare chiarezza e disciplinare. Sponsorizzare un torneo di tennis non ha nulla a che vedere con la «responsabilità sociale», si tratta di un'iniziativa di marketing che dev'essere analizzata non da un comitato ESG, ma dal team marketing dell'azienda. L'efficienza di un'iniziativa sociale dev'essere oggetto di un'analisi costi-benefici e dei rischi di *socialwashing*.

La vera CSR è volontaria e quindi bisogna assicurarsi che le iniziative abbiano un ritorno in termini di vera reputazione (e non solo nei circoli filantropici) o presso i dipendenti, come nel caso di Luxottica nel programma Give the Gift of Sight (di cui abbiamo già accennato e che vedremo in dettaglio nel capitolo 13). Tutte le iniziative sociali che non rientrano in queste categorie sono pura filantropia, che dovrebbe essere lasciata agli azionisti, come sosteneva Milton Friedman. Ed è compito del CdA evitare di perdere troppo tempo sulla CSR.

Si dirà: ma i migliori consigli di amministrazione hanno sempre dovuto assicurarsi che il management non pensasse solamente ai risultati a breve, anticipasse i rischi sul business all'orizzonte, capisse in che modo l'evoluzione delle norme possa generare rischi e opportunità. Cosa c'è di nuovo con tutta questa rivoluzione della sostenibilità?

La risposta è: nulla. Le sfide della sostenibilità creano solamente ulteriori opportunità e rischi per le imprese dedicate solo alla creazione di valore per gli azionisti che devono giustamente aspettarsi un CdA capace di vegliare sul loro operato.

Le imprese che comprendono la dinamica del triangolo della sostenibilità, nella crisi del clima e potenzialmente anche nelle altre crisi di sostenibilità, senza farsi intrappolare dalle logiche burocratiche dell'ESG, potranno creare valore per i loro azionisti e far crescere le economie. E questo vale anche per quelle del nostro Paese, che, assieme alla politica e alla società civile, devono affrontare la sfida del clima.

13
Italia (in)sostenibile?

L'Italia rischia sia per il clima sia per la burocrazia ESG, ma ha anche grandi opportunità. Molte imprese italiane sono pronte a coglierle, ma per trasformare l'opportunità di alcune aziende in una vera occasione di crescita del Paese serve un grande cambiamento nella società civile

L'Italia rischia più del resto dell'Europa per gli effetti del cambiamento climatico, che minacciano di desertificare un terzo del Paese e di moltiplicare il pericolo frane. Più a breve termine, la nostra già debole economia potrebbe pagare un prezzo più alto di altri Paesi alla burocrazia ESG, rimanendo ancorata, soprattutto con le sue piccole imprese, a modelli di business, anche se le aziende più innovative potrebbero riuscire a cogliere buone opportunità in settori dove abbiamo dei punti di forza.

Per ridurre i rischi e sfruttare le opportunità, è vitale che il triangolo della sostenibilità inizi a funzionare.

E il cambiamento più importante lo deve fare la società civile italiana.

Rischiamo di più per il riscaldamento globale

Le emissioni di CO_2 del nostro Paese sono più o meno in linea con la media europea (tra i Paesi a forte vocazione manifatturiera la Germania fa decisamente peggio) e quindi il nostro contributo alla decarbonizzazione del pianeta è coerente con quello della virtuosa Europa.

Il nostro problema non è tanto la riduzione dell'anidride carbonica che emettiamo, ma l'adattamento al riscaldamento globale che sta già provocando disastri nel mondo e inevitabilmente peggiorerà nei prossimi anni, su cui siamo drammaticamente in ritardo. Il rischio di desertificazione è sicuramente maggiore per noi che per il Centro e Nord Europa, mentre la nostra geografia e la nostra topografia ci rendono particolarmente vulnerabili alle frane e alle alluvioni. Le Alpi e gli Appennini rendono alcune nostre regioni specialmente esposte a crolli e smottamenti, uno sviluppo urbano mal pianificato aumenta il rischio di esondazioni fluviali, e la vasta superficie costiera ci espone più degli altri all'aumento graduale del livello del mare nel lungo periodo e al rischio di mareggiate disastrose già nel breve.

In Italia, il rischio siccità è amplificato dai ben noti problemi del nostro sistema idrico, che provengono da molto lontano, ben prima del riconoscimento dell'emergenza climatica. Un sistema idrico che, è proprio il caso di dirlo, fa acqua da tutte le parti: siamo i campioni d'Europa per le perdite (40%) a fronte di consumi di acqua potabile quasi doppi rispetto alla media europea e a investimenti in manutenzione delle infrastrutture molto più bassi del resto d'Europa, in generale risibili al Sud. Utilizziamo solo il 2% delle acque reflue contro il 17% della Spagna e il 97% di Israele. Il sistema idrico del Sud del Paese, particolarmente a rischio di desertificazione, è da decenni inadeguato, in gran parte per come sono gestite le sue infrastrutture.

Il Nord del Paese, intanto, con infrastrutture nel settore urbano relativamente migliori e un clima relativamente piovoso, si è fino a pochi anni fa potuto permettere un'agricoltura che spreca quantità enormi d'acqua (oltretutto mai riciclata) e colture particolarmente bisognose d'acqua, come il riso. Questo fino a quando le maggiori temperature hanno iniziato a far mancare la fonte principale in primavera e in estate: lo scioglimento delle nevi alpine. C'è sempre meno neve sulle Alpi e l'effetto sulla Pianura padana è drammatico. Una serie di primavere ed estati a secco sta mettendo in ginocchio la nostra agricoltura già da oggi. Sembra che gli italiani comincino a prendere coscienza di questi rischi, e infatti nei sondaggi dei cittadini europei riguardo all'emergenza climatica risultano i più preoccupati.

Ma è il fronte economico quello dove rischiamo le maggiori perdite. La nostra economia è cresciuta negli ultimi cinquant'anni meno di tutti gli altri Paesi sviluppati nel settore dei servizi, sfruttando così meno degli altri la transizione da un'economia industriale a una post-industriale. Mentre il manifatturiero italiano si difende, settori come la finanza, il software, il turismo e il settore pubblico scontano un pauroso gap di produttività e innovazione. E la crisi climatica non aiuta di certo. Basti pensare al turismo.

Se l'adattamento al cambiamento climatico rappresenta probabilmente il rischio maggiore per il Paese, la nostra economia deve anche affrontare la sfida della riduzione delle emissioni nei suoi settori industriali: l'energia, l'automobile, l'industria manifatturiera pesante. In questi settori la transizione energetica presenta rischi economici significativi ma anche interessanti opportunità.

Le debolezze della seconda manifattura d'Europa

C'è un paradosso che colpisce nell'osservare il nostro Paese davanti alla transizione energetica. Abbiamo prodotto un leader globale come Enel nelle energie rinnovabili, abbiamo speso (e stiamo ancora pagando) i maggiori incentivi d'Europa per il solare, ma siamo diventati tra i più lenti in Europa nella transizione energetica, proprio ora che i costi delle rinnovabili sono scesi. Secondo tutti gli studi accreditati, dovremmo aggiungere nel prossimo decennio 12 GW all'anno di capacità produttiva di energia rinnovabile, ma purtroppo nel 2022 ne abbiamo installati solo 3, un quarto del necessario, mentre in Germania se ne sono costruiti 11, in Spagna 6 e in Francia, che pure ha molta produzione di energia nucleare, che limita già oggi molto le sue emissioni, 5. Le ragioni sono ben note: maggiore lentezza nell'approvazione delle autorizzazioni, timori diffusi di grane giudiziarie e cause infinite che allontanano gli investitori. Di recente il governo ha introdotto varie semplificazioni nei processi autorizzativi, ma il rischio che le autorizzazioni così ottenute siano impugnabili davanti alla giustizia amministrativa è sempre stato alto. Da anni le nostre fonti rinnovabili sono preda del disastro regolatorio del federalismo energetico, con comuni, regioni e tribunali che bloccano tutto senza una pianificazione e una regolamentazione nazionale.

Il rischio che l'Italia arrivi in ritardo nella corsa all'energia elettrica sostenibile minaccia il suo sistema industriale, che rischia di trovarsi con un'energia meno pulita e quindi ancora più costosa (per via degli obblighi europei sull'acquisto dei certificati di emissione) di quella di altri Paesi. Eppure, quasi vent'anni fa, l'Italia è stata tra i Paesi che più hanno incentivato lo sviluppo delle rinnovabili e in particolare del solare, consentendo ai possessori di impianti fotovoltaici di vendere l'energia prodotta alla rete a prezzi molto vantaggiosi, fino a cinque volte più alti di quelli percepiti dalle altre centrali, e facendo fare al nostro Paese un salto notevole in pochi anni nella capacità solare installata. Naturalmente il costo di questi incentivi così generosi è lievitato rapidamente fino a raggiungere livelli altissimi (20 miliardi all'anno), perciò quegli incentivi sono stati bloccati, proprio mentre il prezzo dei pannelli stava rapidamente scendendo e avrebbe potuto permettere di realizzare la medesima capacità a un costo molto minore, se solo si fossero diluiti nel tempo gli investimenti.

La sindrome della corsa fuori tempo che l'Italia ha avuto nello sviluppo delle rinnovabili – spendendo tanto (e male) quando gli incentivi erano grassi, e rallentando quando si sarebbero potuti realizzare progressi importanti in modo più efficiente – ha contagiato altri due settori fondamentali per la nostra economia: la casa e l'automobile.

Nel rendere più efficienti le nostre abitazioni abbiamo sprecato l'enorme occasione del superbonus, con il quale abbiamo incentivato lavori di vario tipo (per esempio di consolidamento antisismico), ponendosi anche in campo energetico obiettivi di efficienza inferiori a quelli richiesti dalla direttiva europea. Con le cifre contabilizzate (250 miliardi di euro), sarebbe stato possibile incentivare un vero salto di qualità nelle prestazioni energetiche delle case, raggiungendo per un numero molto importante di abitazioni i parametri di efficienza oggi richiesti dalla direttiva europea «casa *green*» appena entrata in vigore, secondo la quale il 15% (circa 4 milioni e mezzo) delle abitazioni esistenti dovranno essere trasformate in case a emissioni zero entro il 2030. La spesa del superbonus avrebbe potuto garantire un incentivo di oltre 50.000 euro per i lavori in ciascuna di queste abitazioni.

Abbiamo sprecato una montagna di soldi e ora non sappiamo come fare per adeguarci alle nuove normative in arrivo.

Lo stesso problema penalizza il settore automobilistico. Fiat, lo abbiamo già visto, non ha mai creduto nell'elettrico. Quando gli altri produttori europei (la francese Peugeot e la tedesca Daimler) chiedevano incentivi europei per costruire una *gigafactory* di batterie (attraverso il programma di incentivi europei IPCEI denominato «Battery II»), Fiat pensava ad altro. E nel momento in cui la questione è diventata ineludibile, di fronte alla montagna di investimenti richiesta a tutti i produttori europei, ha optato per la fusione con il gruppo francese PSA. Se i suoi azionisti hanno fatto un buon affare (rispetto alle quotazioni pre-fusione, gli azionisti francesi hanno pagato agli italiani un premio del 15%), il Paese ci ha guadagnato un po' meno, perché ora Fiat è gestita da Parigi e gli investimenti per rendere *green* i modelli fatti in Italia sono in ritardo.

Gli incentivi alla vendita di auto elettriche sono ancora pensati come quelli alla rottamazione del passato, ovvero come una merce di scambio tra governo e costruttori: io incentivo la vendita delle tue auto e tu mantieni le fabbriche nel mio Paese. In questo l'Italia continua a seguire questa logica, come dimostra la polemica cui si è già accennato in precedenza tra Carlos Tavares, amministratore delegato di Stellantis, e il governo italiano.

Per lo Stato, la logica di incentivare le vendite di auto elettriche in Italia non ha nulla a che fare con la produzione interna. Serve a stimolare il mercato di auto elettriche più asfittico d'Europa. Nel 2023 si sono vendute solo 66.000 auto a batteria contro le 300.000 in Francia, e gli incentivi sono necessari a far crescere il mercato dell'elettrico preparando i consumatori per quando le auto a benzina e diesel saranno bandite in Europa.

Il problema è un altro. Tavares sa benissimo che la scelta del Paese in cui produrre è soprattutto una questione di costo, prova ne sia che sta spostando la produzione di Stellantis in Paesi a basso costo della manodopera, come Algeria, Marocco e Turchia. E, sinora, a soffrire sono state più le fabbriche francesi che quelle italiane ex Fiat; dal 2019 al 2023, la produzione delle prime è passata da 1,2 milioni a 737.000 vetture l'anno, mentre quella italiana nello stesso periodo è scesa da 800.000 a 750.000 unità. Difficile che in Italia si possa competere con i costi del lavoro dell'Algeria, e questo svantaggio non può essere compensato dai sussidi statali. I tempi in cui lo Stato proteggeva Fiat per mantenere i posti di lavoro sono finiti. È stato fatto per decenni, impedendo a Ford di comprare Alfa Romeo (oggi un marchio debolissimo) e a Honda di comprare Innocenti (che non esiste più).

Quello che un'economia avanzata deve chiedere oggi a un produttore di auto non sono le fabbriche, ma gli *high value jobs* dei progettisti di piattaforme, dei tecnici nella ricerca e sviluppo, delle risorse nel marketing. Figure professionali ad alte competenze che, dopo la vendita di Fiat a PSA, stanno migrando sempre più velocemente in Francia, mentre in Italia è rimasto ben poco, e i *low value jobs* a basse competenze diminuiscono più velocemente in Francia che da noi. L'Italia procede verso il modello dei Paesi in via di sviluppo, mentre la Francia va in direzione opposta, quella intrapresa dai Paesi leader nell'economia della conoscenza.

La transizione verso l'elettrico non crea l'opportunità per una Tesla italiana. Ma in diversi settori dell'economia verde, nel risolvere i mille problemi ancora aperti della decarbonizzazione, l'Italia ha anche interessanti opportunità.

Gli innovatori italiani della transizione, dallo stoccaggio al riciclo

In ritardo sulle rinnovabili, ce la possiamo ancora giocare nei nuovi mercati che stanno nascendo attorno alla produzione eolica e solare, come il mercato dello stoccaggio di energia, dove qualche impresa italiana promettente si è già affacciata.

Energy Dome, una startup fondata a Milano da Claudio Spadacini, Dario Rizzi e Francesco Oppici, ha brevettato una soluzione ingegnosa per un problema che preoccupa molti esperti di energia che vogliono scommettere sulle rinnovabili, come Bill Gates: lo stoccaggio a lungo termine. L'energia rinnovabile è spesso intermittente: il sole c'è solo di giorno e il vento cambia, perciò bisogna immagazzinare l'energia prodotta in eccesso per i momenti di bassa produzione. In particolare, le batterie funzionano bene quando bisogna assorbire (e rilasciare) molta energia in poco tempo. Sono come un magazzino con una grande porta d'ingresso ma poco spazio all'interno: hanno una capacità di immagazzinamento limitata. Lo vediamo sulle auto elettriche: se le spingiamo al massimo, riusciamo a guidare al più per qualche ora. Quindi, nelle reti elettriche, funzionano bene quando, per esempio, bisogna immagazzinare l'energia prodotta di giorno dal solare per usarla di notte.

Ma il sole non ha solo un ciclo dal giorno alla notte. D'estate ce n'è molto di più che d'inverno. Anche il vento può presentare un problema simile. Se c'è troppo vento, gli impianti eolici smettono di produrre. Quindi, se ci si basa solo sull'eolico e sul solare, si può restare completamente a secco in un inverno con poco sole e grave maltempo, che può bloccare la produzione eolica per periodi ancora più lunghi dell'assenza di vento estiva. Bisogna trovare un sistema per immagazzinare l'energia prodotta durante tutto l'anno per rilasciarla durante un'intera stagione. Una batteria che rilascia energia per settimane senza essere ricaricata non esiste.

La soluzione brevettata da Energy Dome è usare l'energia in eccesso per comprimere e liquefare l'anidride carbonica contenuta in un serbatoio. Quando serve l'energia, si fa espandere il gas liquefatto che fa girare una turbina. L'anidride carbonica, che diventa liquida a temperatura ambiente, permette di conservare l'energia per tempi lunghi e con poca spesa.

Energy Dome ha già attratto investitori importanti come Breakthrough Energy, il fondo creato da Bill Gates, la Banca europea degli investimenti e, in Italia, ENI e Cassa Depositi e Prestiti.

Carlalberto Guglielminotti è un imprenditore seriale. Aveva già lanciato due startup (Blackshape Aircraft e Restopolis), poi nel 2009 è entrato in uno dei primi fondi di *venture capital* italiano di allora (360 *ventures*), che ha deciso di investire nel *carve out* del Politecnico di Torino Electro Power Systems, già attiva nei sistemi di backup e stoccaggio di energia per le telecomunicazioni. Guglielminotti non è un tecnologo (ha studiato filosofia e legge e ha un MBA), ma è stato proprio il suo senso del business a fargli porre una domanda di fondo: perché stoccare e vendere energia a gente che ne utilizza poca e per poco tempo? A quei tempi, nel 2013, si iniziava già a intravedere il grande potenziale dello stoccaggio di energia per le utility, così Guglielminotti ha deciso di ritornare a fare l'imprenditore: ha venduto la maggioranza di Electro Power Systems alla francese ENGIE, una multinazionale dell'energia, mantenendo per sé la guida dell'azienda, e ha avviato la strategia di crescita nello stoccaggio dell'energia. Nel 2021, ENGIE ha venduto la sua quota di maggioranza a TCC, un grande produttore di batterie di Taiwan, diventando NHOA.

Oggi NHOA, che oltre allo stoccaggio di energia di grandi dimensioni per le utility è attiva nella produzione di sistemi di ricarica domestici per auto elettriche (ha come cliente Stellantis) e ha una rete di 3500 stazioni di ricarica elettrica, ha uffici in Francia, Spagna, Stati Uniti, Taiwan e Australia, e mantiene la ricerca e sviluppo in Italia, a Milano, e le attività produttive in Valtellina, dando lavoro a 500 persone di 38 nazionalità diverse. Ha depositato più di 130 brevetti nel mondo, ed è uno dei cinque leader mondiali nello stoccaggio di energia per le utility. A metà 2024, NHOA vale in borsa circa 300 milioni di euro.

Anche nel settore automobilistico, forse, non tutto è perduto per il nostro Paese. Anche in assenza dell'OEM nazionale, c'è speranza di vedere qualche impresa italiana innovativa che possa far parte della triangolazione della mobilità elettrica perché, se progettare e produrre auto e batterie in Italia sarà difficile, la parte migliore dell'industria componentistica italiana che è riuscita negli anni a rendersi meno dipendente dalla Fiat e ad accreditarsi sul mercato internazionale si sta preparando alla rivoluzione delle auto elettriche. Già oggi il valore aggiunto della componentistica nel settore auto è maggiore di quello dell'OEM.

Mentre Magneti Marelli (Fiat fino al 2018, poi acquisita da KKR/Calsonic) è oggi in gravi difficoltà, altri componentisti sono stati capaci di trovare la propria strada grazie all'innovazione e alla crescita globale anche con acquisizioni, una strategia di solito ostica per il capitalismo «familista» italiano. Aziende come Brembo (freni), Pirelli (pneumatici) e Adler (sedili) sfruttano la loro posizione sull'alto di gamma per innovare ulteriormente. Per esempio, Brembo sta lavorando sui freni elettroattuati per ottimizzare il recupero di energia dei motori elettrici.

Chi dovrà reinventarsi per non sparire saranno i componentisti del sistema motopropulsore, in particolare nei motori diesel, che sono stati un punto di forza della nostra industria automobilistica. Per esempio Dell'Orto, che è un componentista a rischio perché fa carburatori, iniezioni e componenti correlati, sta entrando nell'elettrico: grazie all'esperienza nell'iniezione elettronica, è diventato fornitore unico del software di gestione motori del campionato di Moto3 e poi del campionato di moto elettriche.

Ma per reinventarsi non bastano le capacità tecnologiche, che abbondano nelle PMI automotive italiane, serve anche la capacità di crescere sul piano della dimensione finanziaria, idealmente (per il nostro Paese) acquisendo altri operatori senza diventare parte di un gruppo estero. Per esempio, Eldor, un'azienda eccellente nella produzione della bobina di accensione, ha utilizzato queste competenze per sviluppare la tecnologia dell'*onboard charger*, il sistema di gestione e controllo della ricarica, che poi, però, ha ceduto alla BorgWarner, colosso globale e suo concorrente. Più o meno lo stesso è accaduto a un'altra eccellenza tecnologica, la Meta System, azienda con quarantacinque anni di storia, 150 brevetti e 200 persone impiegate nella ricerca e sviluppo, anch'essa innovatrice nell'*onboard charger*. Alla fine è stata venduta a un produttore cinese.

Le auto elettriche rappresentano anche un'enorme opportunità per le imprese innovatrici italiane di sviluppare nuovi prodotti e servizi. Un caso interessante è quello di Eurogroup Laminations, grande azienda che produce motori industriali, entrata nel mercato dei motori elettrici per auto. In una delle fabbriche di Eurogroup si producono già tre milioni di componenti per i motori di auto elettriche in tutto il mondo.

C'è poi un settore particolarmente confacente al tessuto industriale italiano, quello della manifattura delle macchine per la produzione di auto elettriche e dei componenti del futuro. Per esempio, Comau Robotics, già attiva nella fornitura di linee di produzione di sistemi di trazione elettrica per il grande mercato dei produttori di auto cinesi, fornirà sistemi molto sofisticati di produzione concepiti esclusivamente per auto elettriche nella fabbrica Tesla di Fremont.

La gestione dei rifiuti non sembra proprio un'eccellenza del nostro Paese (lo dimostra l'immondizia abbandonata nelle strade delle nostre città, da Roma a Napoli a Palermo, nonché gli scandali e i disastri ambientali riconducibili al settore). Ma se la gestione dei rifiuti urbani è carente, non così è per quella dei rifiuti industriali.

Nel settore dell'acciaio, le tecnologie verdi che si stanno sperimentando (come l'idrogeno) non sono ancora mature, ma esiste un modo *green* di produrre acciaio di cui l'Italia è leader mondiale: il riciclo di rottami di ferro nei forni elettrici. Mentre il disastro ambientale ed economico dell'Ilva non sembra avere soluzione, esiste un'altra siderurgia in cui l'Italia eccelle, perché già sostenibile nonché circolare: l'elettrosiderurgia, ossia gli ex «tondinari bresciani» che già oggi producono acciaio decarbonizzato, in più riciclando il rottame. Si tratta di 1800 imprese siderurgiche italiane che fatturano quasi 80 miliardi di euro e che nei prossimi anni avranno grandi opportunità perché la decarbonizzazione dell'acciaio europeo passerà per il forno elettrico. Se le acciaierie elettriche italiane potranno contare su fonti rinnovabili di energia e affrontare la sfida dell'accesso al rottame di importazione a costi accettabili, si creeranno opportunità di crescita per le imprese più grandi, come Marcegaglia, Beltrame, e per i leader tecnologici come la Danieli di Udine.

Non è solo nell'acciaio che il nostro Paese eccelle nel riciclo. In venticinque anni si è passati dall'80% al 20% dei rifiuti in discarica. Nel complesso, nel 2020 l'Italia ha riciclato il 72% di tutti i rifiuti, urbani e industriali, contro una media europea del 53%. In particolare, nell'imballaggio da noi si ricicla l'85% della carta, il 77% del vetro, il 56% della plastica, il 68% dell'alluminio.

Nel riciclo del legno dei rifiuti urbani possiamo contare su eccellenze assolute come il gruppo Saviola, il primo al mondo, che ricicla il legno da rifiuti urbani per produrre legno per mobili, evitando così di abbattere foreste. Le sue foreste sono appunto i rifiuti urbani legnosi che forniscono, grazie a centri di raccolta capillari e a una logistica innovativa, 1,5 milioni di tonnellate all'anno di legno usato da riciclare e trasformare in pannelli di truciolato, che a loro volta servono a produrre 6 milioni di mobili in kit.

E che dire dell'antica eccellenza nel riciclo degli stracci di Prato, che diventa un riferimento globale per tutto il settore del tessile? Da decenni la cittadina toscana è un distretto del settore, e oggi l'emergenza ambientale ne sta facendo anche un hub tecnologico del riciclo del tessile, grazie a tecnologie basate sui raggi infrarossi in grado, tramite sensori ottici, di riconoscere fibre e colori, e di separare i rifiuti tessili in entrata per avviarli al riciclo.

Ma alla vitalità delle imprese italiane più innovative si contrappone il resto del triangolo, con Stato, regolatori e società civile che fanno troppo poco per far sì che l'innovazione si diffonda.

Un triangolo della sostenibilità con un solo vertice

È chiaro che per tradursi in vere opportunità per l'economia italiana, le sfide di cui sopra avrebbero bisogno di un triangolo della sostenibilità eccellente, che però in Italia, purtroppo, funziona male, e la colpa non è della mancanza di innovazione delle imprese.

L'ottimismo riguardo alle imprese innovative italiane non può nascondere che il capitalismo familiare (e a volte familista), con mercati dai capitali asfittici e una cultura da «multinazionale tascabile» che ne frena la crescita, non promette troppo bene riguardo alle possibilità che in Italia nasca una Tesla del riciclo. Ma questo problema potrebbe passare in secondo piano, perché le imprese italiane innovative nella transizione ecologica possono prosperare e avere successo anche se dovessero perdere l'opportunità di fare il salto alla dimensione di grande impresa su scala globale.

Ben più elevato è il rischio che, a fronte di poche imprese di successo, ci ritroviamo con il grosso dell'economia in ritardo nell'adeguarsi a obiettivi di trasformazione non più rimandabili, per di più colpito dai costi del riscaldamento globale in crescita, ai quali non ci siamo preparati. È in questa capacità di trascinare il resto dell'economia dietro ai leader che devono entrare in gioco gli altri due vertici del triangolo: lo Stato e la società civile. Ed è qui che il sistema Italia deve cambiare di più.

Dal punto di vista delle grandi scelte, c'è poco che le politiche economiche italiane sull'emergenza climatica possano fare. Sono da tempo inquadrate nelle politiche europee. Difficile puntare da soli i piedi contro la direttiva sulle case *green* o contro il veto per le automobili a combustione previsto entro il 2035. Ciò che lo Stato italiano può fare, senza esserci riuscito finora, è dosare con intelligenza i tempi degli incentivi nazionali allineandoli a quelli delle politiche europee. Le direttive UE hanno tempi di implementazione in cui gli Stati possono far valere una certa discrezionalità, che l'Italia ha sempre «sfruttato» per partire il più tardi possibile, trovarsi così in affanno e collezionare il record europeo di procedure di infrazione.

Ciò che l'Italia dovrebbe fare, contrariamente all'istinto, che da sempre ci contraddistingue, di rimandare il più possibile l'adozione di politiche impopolari, è iniziare a definire presto date certe, anche se lontane nel tempo, per obblighi e divieti, e diluire gli incentivi nel tempo, senza sprecarli tutti subito come abbiamo fatto per il fotovoltaico negli anni Dieci del nuovo secolo, e per il superbonus un decennio dopo. Al contrario, non abbiamo certo bisogno di polemiche come quella per la mancata applicazione della direttiva Bolkestein ad ambulanti e balneari, stavolta replicate in un futuro caso degli aiuti ai distributori di benzina che non sono passati all'elettrico o agli installatori di caldaie a gas impreparati a gestire le pompe di calore.

In passato lo Stato italiano ha tenuto in vita zombie come l'Ilva e l'Alitalia, ha promosso politiche di incentivi stop-and-go sulle energie rinnovabili e permette, spinto da una società civile male informata che è intervenuta con un assurdo referendum, una gestione scellerata della risorsa idrica da parte di enti locali e aziende pubbliche dissestate e incapaci di investire per tappare i buchi di acquedotti colabrodo.

Il pericolo è che questa mentalità continui.

Nel settore dell'auto elettrica, sta cercando di recuperare il ritardo con incentivi tardivi e insufficienti sull'acquisto, mentre manca un impegno sullo sviluppo delle colonnine di ricarica. Sembra peraltro continuare a preoccuparsi più dei *low value jobs* delle fabbriche ex Fiat, quando propone di comprare una partecipazione in Stellantis, che delle opportunità di difendere le competenze tecnologiche che ancora ci restano nella componentistica.

Se vogliamo ancora un produttore italiano di auto, potrebbe avere senso guardare altrove, magari alla Cina, ma a condizione che da noi aprano anche i centri di ricerca e la progettazione di piattaforme europee, assieme alla produzione di batterie.

Lo Stato italiano può avere un ruolo nell'altra metà del settore auto, quella della componentistica, dove la nostra industria ha molte carte da giocare, aiutando la riconversione delle imprese legate al vecchio mondo dell'ICE, il *reskilling* di migliaia di persone e finanziando ricerca e startup.

In campo economico, in generale, un problema di fondo è rappresentato dalla nostra politica di sussidi, che non sembra ancora in grado di distinguere tra gli interventi utili per aiutare l'economia in periodi di ciclo negativo e quelli per renderla più sostenibile nel lungo termine. I primi durano poco e devono essere attuati con velocità, i secondi sono a lungo termine. Il disastro del bonus casa è dovuto al fatto che questo provvedimento è nato come aiuto alle piccole imprese edili, non come strategia di sussidio alla transizione energetica delle case italiane, che in termini numerici per quel che riguarda l'efficienza energetica vantano un record negativo in Europa.

Cosa spinge la nostra politica economica a fare questi errori in serie? Non sono certo le politiche di questo o quel partito, ma un atteggiamento costante che evidentemente risponde a un bisogno dell'elettorato. E qui viene chiamato in causa il terzo vertice del triangolo della sostenibilità: la società civile. Affrontare con successo una crisi come quella del clima richiede di effettuare una trasformazione dell'economia mondiale a tappe forzate. E sulle trasformazioni economiche degli ultimi cinquant'anni il nostro Paese ha parecchio arrancato.

L'Italia ha affrontato male la prima trasformazione da un'economia industriale a una post-industriale, e ha pagato questo errore con i tassi di crescita più bassi del mondo dell'ultimo mezzo secolo. Nei fatti il settore industriale, con la nostra manifattura, si è mantenuto competitivo ed è cresciuto in linea con quelli degli altri Paesi sviluppati, e anche dopo la pandemia ha mostrato ottimi segni di vitalità. Non così il settore dei servizi, che è cresciuto molto meno di quello di tutte le economie sviluppate e ha trascinato in basso lo sviluppo della nostra economia.

La seconda trasformazione che è in atto oggi, quella verso l'economia della conoscenza, ci vede arrancare nell'high tech (in buona compagnia col resto dell'Europa), penalizzati dalla lontananza dal mondo produttivo del settore dell'alta formazione e della ricerca, e dal limitato numero e dimensione dei nostri centri di eccellenza nell'innovazione, alcuni legati al nostro vecchio ma ancora solido settore manifatturiero (per esempio nella robotica), e altri al settore *health care*, dove abbiamo prodotto i pochi «unicorni» d'Italia, ma che ancora manca di imprese davvero grandi su scala globale.

Affrontare con successo la trasformazione economica imposta dalla crisi climatica richiederà sconfessare alcuni principi culturali molto ben radicati nella società italiana, che ci hanno rallentato nelle altre due trasformazioni precedenti: la tolleranza dei furbi mascherata da falsa protezione dei deboli, l'egualitarismo e l'allergia alla meritocrazia, il valore morale negativo associato al profitto.

Proteggere gli zombie industriali è un difetto eterno del nostro Paese, perché le politiche economiche italiane sono più sensibili alle pressioni dei sindacati che vogliono proteggere i posti di lavoro nelle fabbriche piuttosto che alle logiche di mercato e alle regole. Interessi (di breve termine) di operai di fabbriche in crisi e agricoltori presuntamente minacciati dalla carne artificiale pesano più dell'interesse a incentivare e aiutare gli *high value jobs*. L'approccio NIMBY esiste ovunque, ma da noi è particolarmente forte perché lo Stato è più sensibile alle istanze del territorio: i cento membri di un comitato anti-eolico pesano sempre di più di un vago interesse nazionale ad avere energia pulita. I piccoli imprenditori delle startup stanno simpatici a tutti, ma se vogliono diventare miliardari vengono visti con più sospetto. E con sospetto vengono visti soprattutto i loro investitori del mondo della finanza, costretti a dichiarare che investono nelle aziende non per guadagnare ma per qualche nobile scopo morale.

La società italiana guarda da sempre al profitto con un certo sospetto, lo vede spesso come associato all'approfittarsi ingiustamente degli altri.

Nella nostra società civile, l'enfasi della sostenibilità è molto più sulla responsabilità sociale delle imprese e delle banche che sulla transizione climatica. Una parità di genere un po' di facciata ha trovato terreno fertilissimo nella nostra società, prova ne sia il numero di donne nei consigli di amministrazione ai massimi livelli europei, con una rappresentanza nei ruoli manageriali, al contrario, drammaticamente inferiore. In entrambi i casi, l'idea di una trasformazione profonda dei modelli di business e nella cultura di impresa (decarbonizzare l'economia e rendere davvero meritocratico l'accesso al potere) è stata sostituita da una serie di contentini: un po' di iniziative sociali qui e là, qualche donna in più nei consigli di amministrazione e in posizioni manageriali di scarso peso. Anche la prevalenza femminile tra i manager della sostenibilità sembra legata, almeno in parte, alla scarsa rilevanza che in fondo i vertici aziendali (in prevalenza uomini) attribuiscono a questa funzione.

Anche i nostri attivisti dell'ambiente attingono alle ideologie estremiste dei centri sociali, e in questo non sono molto diversi da quelli di tutta Europa. Quello che invece manca è la parte più professionale, e soprattutto distante dalle logiche anti-profitto. Lega Ambiente si è in passato contraddistinta come uno dei movimenti ambientalisti più attenti alle logiche del mercato, e per questo, per essere vicina «alla lobby delle rinnovabili», è stata messa sotto accusa dai movimenti ambientalisti più estremisti. Eppure ha ceduto a queste idee anti-industriali in uno dei suoi ultimi comunicati, accusando ENI di *greenwashing* non perché stesse procedendo più o meno a rilento nelle rinnovabili rispetto agli obiettivi dichiarati (di ciò non si parlava), ma perché continuava a estrarre e vendere petrolio (sai che notizia), faceva troppi profitti e soprattutto faceva pubblicità al Festival di Sanremo!

Anche i nostri media riflettono un interesse superficiale verso i temi climatici. La sostenibilità è osannata in modo acritico o accusata delle peggiori ipocrisie a seconda del colore politico della testata giornalistica. Della direttiva europea sulle case *green* parlano in maniera dettagliata solo i giornali di settore rivolti a chi lavora nell'installazione di impianti di riscaldamento.

Le idee anti-capitaliste che mortificano la ricerca del profitto nelle aziende e che hanno trovato terreno fertile anche nelle università di élite degli Stati Uniti sono da sempre ben radicate anche negli atenei italiani. È così incvitabile che la spinta all'innovazione delle imprese da parte dei nostri atenei risulti debole anche sul piano ideologico.

Con queste premesse, il futuro economico del nostro Paese di fronte alla crisi climatica sembra già scritto: qualche impresa di successo riuscirà a trarne vantaggio, contribuendo magari al progresso nella lotta ai cambiamenti climatici anche nel resto nel mondo, ma il grosso dell'economia pagherà un prezzo più alto delle altre in termini di danni e di mancata crescita. Ma non è detto che finisca così.

L'economia italiana, dopo un trentennio di stagnazione in cui ha sofferto i minori tassi di crescita del mondo e il crollo dovuto al Covid, ha registrato una sorprendente ripresa negli anni 2021-2023, crescendo nel complesso di quasi quattro punti più del resto d'Europa. È vero che molto di questo brillante risultato è dovuto a fattori, come dicono gli economisti, «congiunturali», ovvero passeggeri, come il rimbalzo dopo un crollo per il Covid (che in Italia è stato peggiore che in altri Paesi) e la droga del superbonus nel nostro settore edilizio.

Ma c'è un elemento strutturale che potrà aiutarci anche in futuro. L'economia mondiale negli ultimi quindici anni ha registrato un rallentamento della crescita dei flussi di importazione ed esportazione. Il valore complessivo dell'export (in percentuale del PIL mondiale) nel 2023 è sostanzialmente lo stesso del massimo storico precedente del 2007, circa il 30%, dopo quattro decenni di crescita ininterrotta dal valore pari al 12-13% che aveva alla fine degli anni Sessanta. Ma all'interno di questo totale stabile, lo scambio tra continenti diversi è in calo, principalmente per la riduzione degli scambi dell'Occidente con la Cina.

L'Italia è sempre stata un partner commerciale della Cina abbastanza debole: nel 2019, l'anno boom precedente al Covid, l'export italiano verso la Cina era solo il 2,5% del nostro export complessivo, contro il 7,5% di quello della Germania. Il nostro export è forte soprattutto verso l'Europa e quindi la crescente «regionalizzazione» dei flussi (ovvero il fatto che le esportazioni tendano a concentrarsi all'interno dei continenti), spinta dalle tensioni geopolitiche, indubbiamente ci favorisce.

Nell'economia della transizione climatica questo vantaggio potrà crescere, perché l'Europa continua a essere la regione leader negli investimenti per il clima. Il vecchio (e spesso bistrattato) continente si è dimostrato nel tempo molto più solido di quello che i numeri lasciano credere.

Prendiamo il confronto tra la crescita economica dell'Europa e quella degli Stati Uniti, oggetto anche di approfonditi e recenti studi sulla competitività del nostro continente, tra cui quelli svolti per la Commissione europea dai nostri ex premier Mario Draghi ed Enrico Letta. Negli ultimi trent'anni, il PIL degli Stati Uniti è aumentato di oltre quattro volte (da 6 a 25 trilioni di dollari), mentre quello dell'Unione Europea non è cresciuto nemmeno di due volte e mezza (da 7,5 a 17 trilioni). Gli Stati Uniti, che nel 1992 registravano un PIL del 20% inferiore a quello europeo, trent'anni dopo si sono ritrovati con un prodotto interno lordo superiore di quasi il 40%, e questo ovviamente ha avuto un'influenza diretta sul peso economico di Stati Uniti ed Europa nel mondo, attraverso gli scambi commerciali, gli investimenti e le spese militari.

Ma se guardiamo al tenore di vita dei cittadini americani ed europei, le cose non stanno affatto così. Perché i PIL pro capite, a parità di potere d'acquisto, di Stati Uniti ed Europa nello stesso periodo sono cresciuti dello stesso valore, il 60%. Un americano e un europeo, in media, sono diventati più ricchi della stessa misura (mentre per gli italiani, purtroppo, la crescita è stata molto minore, solo del 20%). Come si spiega la discrepanza? Con la crescita della popolazione statunitense, che ha aumentato il PIL totale ma non quello pro-capite, e con il rafforzamento del dollaro, che molti di noi sperimentano confrontando quanto siano cari gli Stati Uniti oggi rispetto a qualche decennio fa.

Un'Europa dal minor peso internazionale, ma in cui si continua a vivere abbastanza bene, a differenza del nostro Paese che ha perso molte posizioni nella classifica dei redditi, può davvero ricominciare a fare da traino all'economia italiana.

Nelle regole per il clima che l'Europa sta mettendo in cantiere, l'Italia può cogliere qualche ulteriore vantaggio e non solo lamentarsi per le case *green* e le auto elettriche. Il meccanismo del cosiddetto *Carbon Bor-*

der Adjustment – ovvero, far pagare una tassa sulle emissioni di CO_2 alle importazioni dai Paesi che non le tassano a casa propria – può favorire l'Italia, che ha una maggiore quota di industria manifatturiera ed è più attiva nelle esportazioni della maggioranza degli altri Paesi europei. Anche chiudere le centrali elettriche a carbone in Europa può avvantaggiare il nostro Paese, che lo ha praticamente già fatto.

Per non perdere queste opportunità, è però fondamentale un cambiamento di mentalità nella società italiana, a cominciare dalle sue élite. Dovrà essere un cambiamento culturale spinto dall'emergenza di una rivoluzione economica e sociale in grado di creare lo stesso senso di urgenza che si è avuto dopo la Seconda guerra mondiale, con quel miracolo economico che ci ha fatto diventare oggetto degli studi di Mike Porter, quando ancora non pensava che il capitalismo dovesse cambiare.

La spinta a creare queste nuove élite potrà venire, per una volta, dalle nostre migliori università se continueranno quel percorso di recupero di competitività che hanno imboccato, e se non si siederanno sugli allori dei finanziamenti del PNRR, purtroppo temporanei. La sfida tecnologica del clima ha bisogno di imprenditori con le migliori competenze (non più i *self-made men* con la quinta elementare che hanno fatto crescere l'Italia del dopoguerra), che abbandonino la logica del «piccolo è bello» e si dedichino senza riserve alla crescita internazionale e allo sviluppo tecnologico. Le migliori università italiane – che hanno reagito meglio delle loro controparti statunitensi al conformismo ideologico di questi ultimi anni, restando, ancora, un luogo di dibattito aperto – potranno formare queste nuove élite se continueranno a crescere. Un Milton Friedman del clima, che possa ispirare gli imprenditori, la politica e la società italiani a creare un triangolo della sostenibilità che traini lo sviluppo del Paese in questa transizione, potrebbe nascere non solo a Chicago, ma anche nel nostro Paese.

Ringraziamenti

La scrittura di questo libro deve molto a diverse persone, che per amicizia, passione professionale o entrambe le cose hanno dedicato tempo ed energie a discutere le nostre idee, fornirci informazioni preziose e prospettive illuminanti sui vari argomenti trattati, e rivedere puntualmente quanto da noi scritto per correggere errori, chiarire l'esposizione e proporre sfumature di significato migliori.

Molto di quel che c'è di buono in questo saggio è merito loro, errori e inesattezze sono invece tutti nostri. Elenchiamo qui alcuni tra coloro che ci hanno aiutato, scusandoci con gli altri che per il limitato spazio a disposizione non possiamo includere.

Stefano Pogutz, direttore della SDA e docente di sostenibilità all'Università Bocconi, ha arricchito la nostra comprensione della ricerca scientifica sui temi della sostenibilità, aiutandoci a mettere le nostre idee in una prospettiva più ampia e aiutandoci a chiarire molti dei nostri argomenti.

Yoram Gutgeld, ex collega in McKinsey e amico, è

forse la persona che ha più contribuito a rendere più chiare le nostre idee, con la sua esperienza del mondo aziendale e della formazione di politiche pubbliche, ma soprattutto con il suo rigore intellettuale e la sua capacità di individuare il punto essenziale degli argomenti.

Luciano Balbo ha discusso molte delle nostre idee, arricchendole con la sua esperienza di pioniere dell'*impact investing* in Italia e profondo conoscitore del tema della responsabilità sociale di imprese e investitori.

Carolina Nizza ci ha dato suggerimenti preziosi forte della sua esperienza di gestione e comunicazione della sostenibilità in imprese attivamente coinvolte sul tema della transizione energetica.

Silvia Cafagna ci ha fornito spunti utilissimi per chiarire meglio alcuni aspetti particolarmente controversi del dibattito grazie alla sua esperienza di manager, docente e fondatrice di una startup con obiettivi sociali.

Renata Mele ha condiviso con noi, e in particolare con Luca D'Agnese con cui condivide tantissimo da oltre quarant'anni, la sua esperienza e passione per la sostenibilità, maturata da diversi anni prima che iniziasse la nostra, e che sopravvive intatta alle nostre idee a volte un po' scettiche.

Queste persone non hanno sempre condiviso tutte le idee di questo saggio, ma il loro contributo critico, assieme al loro incoraggiamento, è stato determinante per rendere più chiaro il nostro pensiero.

Le nostre idee sulle sostenibilità nel mondo aziendale hanno inoltre beneficiato delle discussioni e dello scambio di punti di vista con decine di colleghi nei consigli di amministrazione, nei comitati di sostenibilità e nel management di BNL, Cassa Depositi e Prestiti e Phoenix Group in Israele.

Altri colleghi e amici ci hanno poi permesso di capire meglio le dinamiche competitive e organizzative, le tecnologie e le sfide affrontate delle aziende per cui hanno lavorato e che a volte hanno guidato, nei settori dell'energia, dell'auto, della finanza, di fronte alla crisi climatica.

Francesco Starace ha condiviso con noi la sua straordinaria esperienza al vertice dell'ENEL nella costruzione di un campione italiano nelle fonti rinnovabili di energia.

Corrado Passera ha condiviso con noi la sua profonda comprensione della «finanza verde» maturata nella sua esperienza di leader nel mondo finanziario e di ministro dello sviluppo economico, autore del primo Piano dell'energia e del clima del nostro Paese.

Molti ex colleghi di McKinsey hanno messo a nostra disposizione la loro esperienza e conoscenza sull'impatto della transizione energetica in diversi settori dell'economia. Piero Gancia per le assicurazioni, Fabrizio Bacchini per l'energia, Federico Fumagalli per il settore bancario, Marco Catena per le aziende di largo consumo. Davide di Domenico e Giuseppe Collino del BCG ci hanno invece aiutato con le loro prospettive e ricerche sull'impatto della transizione energetica sul settore automotive italiano. Alvise Scaroni, loro collega in BCG, per i beni di consumo e il settore *retail*.

Carlo Alberto Guglieminotti, con la sua esperienza di imprenditore nella transizione dell'energia in NHOA, ha condiviso con noi il suo ottimismo sulle opportunità economiche del nostro Paese. Nicola Pelà, ex responsabile delle risorse umane di Luxottica, ci ha raccontato l'evoluzione dello straordinario esempio di impatto sociale e aziendale del progetto Give the Gift of Sight in Luxottica.

Un gruppo di amici e professionisti, infine, si è fatto carico del compito più duro, ovvero chiarire, ripulire e rendere, speriamo, almeno leggibile la convoluta prosa degli autori. In primis, Silvia Valusso, che ha fatto leva sulla sua lunga esperienza di *editor* in McKinsey, quando aiutava i consulenti a rendere comprensibili e chiari i loro documenti, per rimettere a posto un testo su un argomento che la appassiona. Il contributo di Silvia ha completato e perfezionato il primo sforzo professionale di Giuliano Boraso, cui è toccato l'arduo compito di mettere in forma leggibile la prima bozza.

Senza Carlo Alberto Brioschi di Solferino e Marco Vigevani di Italian Literary Agency questo libro non sarebbe mai arrivato nelle librerie.

Infine, un ultimo importante ringraziamento va alle nostre mogli Cristina e Renata che sono state partner di pensiero, idee ed emozioni durante i due anni della scrittura di questo libro.

Indice

Finito di stampare nel mese di settembre 2024
per conto di RCS MediaGroup S.p.A.,
da Rotolito S.p.A., Via Sondrio, 3, Pioltello (Milano)
Printed in Italy